中國現代教育社團史 周谷城題

"中国现代教育社团史"丛书编委会

丛书主编：储朝晖

丛书编委会：（按姓氏笔画排序）

于书娟　马立武　王　玮　王文岭　王洪见
王聪颖　白　欣　刘小红　刘树勇　刘羡冰
刘嘉恒　孙邦华　苏东来　李永春　李英杰
李高峰　杨思信　吴冬梅　吴擎华　宋业春
汪昊宇　张礼永　张睦楚　陈克胜　陈梦越
周志平　周雪敏　钱　江　徐莹晖　曹天忠
梁尔铭　葛仁考　韩　星　储朝晖　楼世洲

审读委员会：（按姓氏笔画排序）

王　雷　王建梁　巴　杰　曲铁华　朱镜人
刘秀峰　刘继华　牟映雪　张　弛　张　剑
邵晓枫　范铁权　周　勇　赵国壮　徐　勇
徐卫红　黄书光　谢长法

"中国现代教育社团史"丛书书目

《中国现代教育社团发展史论》
《中华教育改进社史》
《中华平民教育促进会史》
《生活教育社史》
《中华职业教育社史》
《江苏教育会史》
《全国教育会联合会史》
《中国教育学会史》
《无锡教育会史》
《中国社会教育社史》
《中国民生教育学会史》
《中国教育电影协会史》
《中国科学社史》
《通俗教育研究会史》
《国家教育协会史》
《中华图书馆协会史》
《少年中国学会史》
《中华儿童教育社史》
《新安旅行团史》
《留美中国学生联合会史》
《中华学艺社史》
《道德学社史》
《中华教育文化基金会史》
《中华基督教教育会史》
《华法教育会史》
《中华自然科学社史》
《寰球中国学生会史》
《华美协进社史》
《中国数学会史》
《澳门中华教育会史》

推进教育治理体系和治理能力现代化……推动社会参与教育治理常态化，建立健全社会参与学校管理和教育评价监管机制。

——《中国教育现代化 2035》

当前，我国改革开放正在逐步地深入和扩大，激发社会组织活力，在整个社会治理体系建设中具有重要作用。现代教育治理体系的建设，也迫切需要发挥专业的教育社团的积极作用。在这个大背景下，依据可靠的历史资料，回溯和评价历史上著名教育社团的产生、发展、组织方式和活动方式等，具有现实意义和社会价值。总的来说，这个项目设计视角独特，基础良好，具有较高的学术价值、实践价值和出版价值。

——石中英

教育社团组织与中国教育早期现代化，既是一个有丰富内涵的历史课题，更是一个极具现实意义的重大课题。由中国教育科学研究院储朝晖研究员领衔的学术团队，多年来在近代教育史这块园地上努力耕耘，多有创获，取得了可喜的成果，积累了深厚的知识储备。现在，他们选择一批有代表性、典型性、产生过重大影响的教育社团组织，列为专题，分头进行深入的研究，以期在丰富中国教育早期现代化研究和为当代中国教育改革服务两个方面做出贡献，我觉得他们的设想很好。

——田正平

国家出版基金项目
NATIONAL PUBLICATION FOUNDATION

中国现代教育社团史　丛书主编/储朝晖

道德学社史

韩星　著

西南大学出版社
国家一级出版社　全国百佳图书出版单位

图书在版编目(CIP)数据

道德学社史/韩星著. -- 重庆：西南大学出版社，2023.12
（中国现代教育社团史）
ISBN 978-7-5697-1910-9

Ⅰ.①道… Ⅱ.①韩… Ⅲ.①道德-学术团体-历史-中国 Ⅳ.①B82-26

中国国家版本馆CIP数据核字(2023)第229787号

道德学社史
DAODE XUESHE SHI

韩星　著

策划组稿：	尹清强　伯古娟
责任编辑：	赖晓玥
责任校对：	牛振宇
装帧设计：	观止堂_朱璇
排　　版：	张　祥
出版发行：	西南大学出版社（原西南师范大学出版社）
	重庆·北碚　邮编：400715
印　　刷：	重庆升光电力印务有限公司
幅面尺寸：	170mm×240mm
印　　张：	11.5
插　　页：	4
字　　数：	250千字
版　　次：	2023年12月　第1版
印　　次：	2023年12月　第1次
书　　号：	ISBN 978-7-5697-1910-9
定　　价：	52.00元

总序

在中国教育早期现代化的历史进程中,无论是清末,还是北洋政府和国民政府时期,在整个20世纪前期传统教育变革和现代教育推进波澜壮阔的历史舞台上,活跃着这样一批人的身影,他们既不是清王朝的封疆大吏、朝廷重臣,也不是民国政府的议长部长、军政要员,从张謇、袁希涛、沈恩孚、黄炎培,到晏阳初、陶行知、陈鹤琴、廖世承,有晚清的状元、举人,有海外学成归来的博士、硕士,他们不居庙堂之上,却念念不忘国家民族的百年大计;他们不拿政府的分文津贴,却时时心系中国教育的改革与发展。是"研究学理,介绍新知,发展教育,开通民智"这样一个共同理想和愿景,将这些年龄悬殊、经历迥异、分散在天南海北的传统士人、新型知识分子凝聚在一起,此呼彼应、同气相求,结成团体,组织会社。于是,从晚清最后十年的江苏学务总会、安徽全省教育总会、河南全省教育总会,到民国时期的全国教育会联合会;从中华职业教育社、中华新教育共进社、中华教育改进社,到中华平民教育促进会、生活教育社、中国社会教育社、中华儿童教育社、中国教育学会……在短短的半个世纪里,仅省级以上的和全国性的教育会社团体就先后有数十个,至于以县、市地区命名,以高等学校命名或以某种特定目标命名的各式各样的教育会社团体,更是难以计数。所有这些遍布全国各地的教育会社团体,通过持续不断的努力,从不同的层面,以不同的方式,冲击着传统封建教育的根基,孕育和滋养着现代教育的因素。可以毫不夸张地说,在传统教育变革和现代教育推进的历史进程中,从宏观到微观,到处都留下了这些教育会社团体的深深印记,它们对中国教育早期现代化的贡献可谓功莫大焉!

大约从20世纪90年代开始,中国近代教育会社团体的研究,渐渐进入人们的学术视野,20多年过去了,如今关于这一领域的研究,已经风生水起,渐成气候,取得了相当的成果,并且有着很好的发展势头。说到底,这是当代中国教育改革的需要和呼唤。教育是中华民族振兴的根基和依托,改革和发展中国教育,让中国教育努力赶上世界先进水平,既是中央政府和地方各级政府义不容辞的职责,也必须依靠广大教育工作者的自觉参与和担当。从这个意义上讲,中国近代教育会社团体与中国教育早期现代化研究,既是一个有丰富内涵的历史课题,更是一个极具现实意义的重大问题。中国教育科学研究院储朝晖研究员,多年来在关注现实教育改革的诸多问题的同时,对中国近代教育史有着特殊的感情,并在这块园地上努力耕耘,多有创获,取得了可喜的成果,积累了深厚的知识储备。现在,他率领一批志同道合的中青年学者,完成了"中国现代教育社团史"的课题,从近代以来数十上百个教育社团中精心选择了一批有代表性、典型性、产生过重大影响的教育社团,列为专题,分头进行了深入的研究。我相信,读者诸君在阅读这些成果后所收获的不仅仅是对教育社团的深入理解和崇高敬意,也可能从中引发出一些关于当代中国教育改革的更深层次的思考。

是为序。

田正平
丁酉暮春于浙江大学西溪校区

目录

第一章　绪论
第一节　清末民初的社会变迁　/3
第二节　儒学的衰微和民族精神危机　/9
第三节　"道德救世"论　/13

第二章　道德学社的前身
第一节　伦礼会　/23
第二节　人伦道德研究会　/27

第三章　北京道德学社
第一节　进京　/33
第二节　北京道德学社成立　/36
第三节　段正元在京讲学传道　/43
第四节　段正元隐退、辞世　/69

第四章　各地道德学社
第一节　南京、汉口及湖北其他地方的道德学社　/77
第二节　杭州、上海的道德学社　/85
第三节　山西太原、孝义,河北张家口的道德学社　/91
第四节　奉天、天津、徐州、宿迁的道德学社　/98

第五节　河南、陕西、湖北、四川等地的道德学社　/102
第六节　段正元在其他地方讲学传道　/112

第五章　道德学社的性质与特点
第一节　道德学社的关键活动显现出"政德合一"的
　　　　天真与玄幻　/115
第二节　从道德学社的"道德"判定其性质　/119
第三节　道德学社的成员构成与组织特征　/129
第四节　道德学社性质特征的基本判定　/137

第六章　道德学社的影响、作用、问题
第一节　道德学社的影响　/147
第二节　道德学社的作用与问题　/151

附　录　/157

丛书跋(储朝晖)　/172

绪论

第一章

第一章 绪论

第一节 清末民初的社会变迁

晚清处于中国历史从古代向近代过渡的重要转折阶段,发生的变迁广泛而深刻:有进步的社会变迁,也有倒退的社会沦落;有社会改良,也有社会革命;有整体的社会变迁,也有局部的社会变动。各种不同的变迁形式并存互动,汇成社会渐变与突变交错发生的多重变奏,改变着中国社会的面貌。生活于那个时代头脑比较清醒的中国人都觉察到这种变化的巨大和深刻,进而产生一种忧患意识,如李鸿章就这样表达自己的看法:

今则东南海疆万余里,各国通商传教,来往自如,麇集京师及各省腹地,阳托和好之名,阴怀吞噬之计;一国生事,诸国构煽,实为数千年来未有之变局。轮船电报之速,瞬息千里;军器机事之精,工力百倍;炮弹所到,无坚不摧,水陆关隘,不足限制,又为数千年来未有之强敌。①

所谓"数千年来未有之变局"即是指中国社会结构正在发生的整体性的史无前例的大变革。梁启超曾经把这样的变革界定为一种"过渡"。他说:

今日之中国,过渡时代之中国也。……中国自数千年以来,皆停顿时代也,而今则过渡时代也。……惟当过渡时代,则如鲲鹏图南,九万里而一息;江汉赴海,百千折以朝宗,大风泱泱,前途堂堂,生气郁苍,雄心矞皇。其现在之势力

---

① 李鸿章:《筹议海防折》,选自《李鸿章全集·奏稿》卷二十四,时代文艺出版社1998年版,第1063页。

圈,矢贯七札,气吞万牛,谁能御之?其将来之目的地,黄金世界,荼锦生涯,谁能限之?故过渡时代者,实千古英雄豪杰之大舞台也,多少民族由死而生、由剥而复、由奴而主、由瘠而肥所必由之路也。美哉过渡时代乎!……故今日中国之现状,实如驾一扁舟,初离海岸线,而放于中流,即俗语所谓两头不到岸之时也。语其大者,则人民既愤独夫民贼愚民专制之政,而未能组织新政体以代之,是政治上之过渡时代也;士子既鄙考据词章庸恶陋劣之学,而未能开辟新学界以代之,是学问上之过渡时代也;社会既厌三纲压抑虚文缛节之俗,而未能研究新道德以代之,是理想风俗上之过渡时代也。语其小者,则例案已烧矣,而无新法典;科举议变矣,而无新教育;元凶处刑矣,而无新人才;北京残破矣,而无新都城。数月以来,凡百举措,无论属于自动力者,属于他动力者,殆无一而非过渡时代也。[①]

他认为过渡时代主要表现为政治、学术、道德的过渡,几乎是涉及社会各方面的全盘过渡。这种"过渡"其实就是一种历史转折、一种社会转型。

近代社会最基本的变化首先是物质环境的变化。晚清,资本主义的生产方式在东南沿海已经大规模地出现,农产品和手工业产品的商品化程度大大提高。经济的发展带动了城市和商品经济的繁荣,许多开放的通商口岸,洋行、商号、货栈、店铺比比皆是,显示出一派繁荣的景象。与此同时,西方商品大量涌进,先进技术和各种新的社会组织形式也纷纷传入,强烈地冲击着中国的自然经济和传统社会结构。传统中国是以建立在宗法关系基础之上的家族社会为基础的,家庭是基本经济单位。小农业和小手工业通过家庭融为一体,市镇工商业者也多从事家庭经营。人们往往聚族而居,社会活动基本囿于一族之内。近代以来,封建社会结构不断走向瓦解,旧组织的式微、新组织的崛起已不可逆转。社会经济的变动使一些传统观念发生了根本动摇,经商逐利之风不断蔓延并逐步发展成重商主义。重商主义是近代中国影响深远的经济思想之一。它萌生于洋务运动时期,是在西方列强经济侵略的刺激下,国内民族资本主义经济发展的产物。其倡导者以王韬、马建忠、薛福成、郑观应、陈炽等为代表的早期改良派为主,也包括部分洋务派开明官僚。他们继承和发展了地主阶级改革

[①] 梁启超:《过渡时代论》,原载《清议报》第八十二期,引自陈书良编《梁启超文集》,北京燕山出版社,1996年版,第108页。

派龚自珍、魏源"经世致用"的精神,力求从更深层次上探讨中西贫富强弱的本源,并积极寻求抵制列强商品输出的有效途径,在反思传统"重农抑商"经济观的基础上,提出了以"士商平等""商战固本"和"以商立国"为中心的一系列具有反抗传统和外来侵略性质的重商主义思想。在这种思想的影响下,传统文化中轻商、贱商的社会心理和社会风气发生了重大转变,在各通都大邑,经商成为最时髦的职业,商人的社会地位上升很快,受到极大尊重。何启、胡礼垣提出:"振兴中国,首在商民","今之中国如有十万之豪商,则胜于有百万之劲卒"。[1]士人孙宝瑄对"商"的地位的认识,更深刻地映照出近代社会生活的变动趋势及重商主义在20世纪的重大影响。他甚至把"商"归结为整个社会的中心:"商业者,组织社会之中心点也。……苟无商以运输之,交易之,则农工无可图之利,而其利荒矣。是故,富之本虽在农与工,而其枢纽则在商。……故曰:商业者,组织社会之中心点也。"[2]维新派领袖梁启超亦曾嘲笑商人爱推波助澜,后来却赞扬他们足智多谋和富于创业精神,并敦促他们在大规模贸易和工业方面与政府合作。[3]有人还撰文大呼:"商务者,古今中外强国之一大关键也。上古之强在牧业,中古之强在农业,至近世则强在商业。商业之盈虚消长,国家之安危系之。"因而"商兴则民富,民富则国强,富强之基础,我商人宜肩其责"。[4]

在经济变化的基础上最显著的就是社会风尚的变化。"淳厚"到"浇漓"成为世风变化的一种趋势。甲午战争以前世风浇漓、人心不古有以下几种重要表现:奢靡之风四下蔓延,上下交争利,贿赂公行、腐败之风盛行,赌风日炽。[5]

这种社会风气变化的内在动因是重商主义,儒家正统义利观开始在人们的心目中逐渐淡薄,而致富、求利的观念逐渐占据上风,功利主义开始流行,上下交争利逐渐成为风气。有人强调欲望与求利是人们与生俱来的本能,属于人的自然属性,没有必要人为地压抑:

---

[1] 何启、胡礼垣:《新政论议》,选自郑大华点校《新政真诠——何启、胡礼垣集》,辽宁人民出版社1994年版,第168页。

[2] 孙宝瑄:《望山庐日记》,上海古籍出版社1983年版,第799页。

[3] 梁启超:《饮冰室合集》第一册第1—11页,第十一册第1—47页,第十三册第33—52页,中华书局1936年版。

[4]《兴商为强国之本说》,《东方杂志》1904年第3期,第41、43页。

[5] 孙燕京:《晚清社会风尚及其变化》,《中州学刊》2004年第6期,第135-139页。

天下之攘攘而往者何为？熙熙而来者又何为？曰为利耳。富者持筹握算，贫者奔走驰驱，何为乎？曰为利耳。泰西之人不惮数万之程，不顾重洋之险，挈妻孥偕朋友来通商于中国，何为乎？曰为利耳……吾茫茫四顾，见四海之大、五洲之众，非利无以行。中外通商以后，凡环附于地球者，无一不互相交易以通有无。当今之天下，实为千古未有之利场；当今之人心，亦遂为千古未有之利窟。①

"风俗敝，人心变异无常，巧猾嗜利之徒，其始出于官商，其后执艺者窃其余智，诈取人财。"②蒋百里在1921年谈及民初世风时说："天下方竞言文化事业，而社会之风尚，犹有足以为学术之大障者，则受外界经济之影响，实利主义兴，多金为上，位尊次之，而对于学者之态度，则含有迂远不适用之意味。"③

从"扬气"到"洋气"也反映了价值取向变化的趋势，同时为风气趋新奠定了一定的社会心理基础④。辛亥革命后帝制被推翻，共和制建立之初，全国曾为之一振，呈现出欣喜好转的局面，除了西学被殷勤学习，连带着西方的生活方式也成为民众摹仿的时尚，小至着装饮食，大到婚俗礼节，都成了当时各色人等追赶的社会潮流。"洋化"成为一种时髦，成为一种对生活方式的追求，甚至成为社会上审美观和价值观的主要趋向。民初青年一种最时髦的装束是目戴"克罗克"（一种进口眼镜），手拿"司的克"（西方人常用的一种手杖），口衔"茄的克"（一种洋烟），即所谓的"三克主义"。《申报》有篇文章描写当时的机关工作人员说："头戴外国帽，眼架金丝镜，口吸纸卷烟，身着哔叽服，脚踏软皮鞋，吃西菜，住洋房，点电灯，卧铜床，以至台登（灯）、毡毯、面盆、手巾、痰盂、便桶，无一非外国货，算来衣食住，处处仿效外国人，独惜其身非外国产。"⑤甚至还有人把"崇洋"风气与爱国和反抗封建统治联系起来，1911年12月9日《民立报》有篇文章认为西装是对清朝冠服体现的等级观念的否定。而对于妇女穿戴外国服饰，当时《都市丛谈》中则有人解释为"不甘受束缚"。民初的崇洋带有浓烈的政治趋同色彩，人

---

① 《利害辨》，《申报》，1890年7月23日。
② 胡思敬：《国闻备乘》，上海书店出版社1997年版，第67页。
③ 蒋方震：《梁启超〈清代学术概论〉序》，引自梁启超《清代学术概论》，四川人民出版社，2018年版，第143页。
④ 孙燕京：《晚清社会风尚及其变化》，《中州学刊》2004年第6期，第135页。
⑤ 《中华民国国务员之衣食住》，《申报》，1912年5月7日。

们尚不能划清它与学习西方之间的界限,多为非理性的赶时髦。在此过程中,中国原有的传统习俗被良莠不分地悉数抛弃,这也是后来中国陷入社会失序和道德失范困境的原因之一。鲁迅曾对近代中国社会习尚的新旧杂陈状况作过形象的描述:

中国社会上的状态,简直是将几十世纪缩在一时:自油松片以至电灯,自独轮车以至飞机,自镖枪以至机关炮,自不许'妄谈法理'以至护法,自'食肉寝皮'的吃人思想以至人道主义,自迎尸拜蛇以至美育代宗教,都摩肩挨背的存在。……四面八方几乎都是二三重以至多重的事物,每重又各各自相矛盾。[1]

对于知识分子来说,清末民初最大的社会变化莫过于西学汹涌,中学衰微。甲午战争之后,西方文化在民族危机的强烈刺激下大举涌入,特别是进化论与资产阶级自由、民主思想的输入,更是一石激起千层浪。西学逐渐成为一门"显学",其内容在不断深入,从语言文字、自然科学技术到政治理论、社会学说;其传播范围也在不断拓展,从沿海通商口岸到内地偏僻乡村[2]。据统计,在辛亥革命前夕,由于科举废除、学堂新建,学生总数高达300多万[3],在新学堂中数理化等新知识占72.9%,于此,西方科学顺理成章地成为中国教育内容的主体,而一直被统治者奉为圭臬的传统文化知识只占27.1%。由此可见西学之盛、旧学之衰[4]。西学的功利主义对中国几千年来的传统道德文明产生了根本冲击,道德学社创始人段正元说:"至于今欧风东渐,功利之习,传染遍于中华,人民脑筋,印入一种优胜劣败之学说,遂至以礼让为迂谈,以道德为无用,演出率兽食人,人将相食之世界,而祸乱几不可以收拾矣。"[5]传统儒学逐渐被西学取代,中国的近代化开始越来越清晰地烙上"西方"的标识。正如日本学者小野川秀美所说:

1860年以后,那些按照道与器这对概念来看待西学意义的人,往往称西学为器、中学为道。这样,赋予西学的价值只是工具的价值,是第二位的,而传统的儒学仍被视为高高在上,具有本质的和基本的价值。但到了现在,在承认西方政治理想和制度的价值的同时,十九世纪九十年代初期的某些改良派的著作

---

[1] 鲁迅:《随感录五十四》,选自《鲁迅全集》(1),人民文学出版社1982年版,第344-345页。
[2] 杨齐福:《科举制度与近代文化》,人民出版社2003年版,第18页。
[3] 王笛:《清末新政与近代学堂的兴起》,《近代史研究》1987年第3期,第254页。
[4] 袁立春:《论废科举与社会现代化》,《广东社会科学》1990年第1期,第81-88页。
[5] 《大同贞谛》,选自《师道全书》卷十六,道德学会总会1944年版,第37页。

中出现了强调器不能与道分离的明显倾向。如果西学被发现有器的价值,其中必有道,因为在任何事物的器中必然有道。显然,这种思想路线所暗示的倾向是,颂扬西方不但产生了工具的、第二位的价值,而且也产生了本质的和主要的价值。①

这一情形在民初发展到了夸张的地步,并集中地反映在教育方面。段正元批评说:

> 从前旧学教育,取束缚主义,固嫌太过。今日新学教育,取放纵主义,又嫌不及。过犹不及,皆非中也。中道教育,所以明人伦。明于庶物,察于人伦,即是人才,此为修身、齐家、治国、平天下之本。人才要由忠信、忠恕以致中和,无太过,无不及,这才是教育主旨。今不知此,乃顺人情欲所好,借以迎合潮流,不管学生造就如何,将来于国家是否有害,只要学生把他拥戴得高。此皆借教育为名,以图私便。进一步说,也不是他的初心便是如此。因教育立法之人,未得教育之贞,故无教育方针,所以做出假事,敷衍教课。②

1912年中华民国成立,中国社会进入了一个快速转型时期。当时上海《时报》发表了一篇评论文章,这样描述当时社会新旧转换:

> 共和政体成,专制政体灭;中华民国成,清朝灭;总统成,皇帝灭;新内阁成,旧内阁灭;新官制成,旧官制灭;新教育兴,旧教育灭;枪炮兴,弓矢灭;新礼服兴,翎顶补服灭;剪发兴,辫子灭;盘云髻兴,堕马髻灭;爱国帽兴,瓜皮帽灭;爱华兜兴,女兜灭;天足兴,纤足灭;放足鞋兴,菱鞋灭;阳历兴,阴历灭;鞠躬礼兴,拜跪礼灭;卡片兴,大名刺灭;马路兴,城垣卷栅灭;律师兴,讼师灭;枪毙兴,斩绞灭;舞台名词兴,茶园名词灭;旅馆名词兴,客栈名词灭。③

这一"兴"一"灭"生动地反映了民初万物更新的社会景象。梁启超这时也说:

> 不意此久经腐败之社会,遂非文明学说所遽能移植,于是自由之说入,不以之增幸福,而以之破秩序;平等之说入,不以之荷义务,而以之蔑制裁;竞争之说入,不以之敌外界,而以之散内团;权利之说入,不以之图公益,而以之文私见;

---

① 费正清等:《剑桥中国晚清史》下卷,中国社会科学出版社1985年版,第332页。
② 《大同贞谛》,选自《师道全书》卷十六,道德学会总会1944年版,第37页。
③ 《新陈代谢》,《时报》1912年3月5日。

破坏之说入,不以之箴膏肓,而以之灭国粹。①

原有的社会支撑被人们决绝地取消或丢弃,而新建的社会制度由于缺乏相应的社会条件并不能有效维持社会运作,这使得民初社会面临"旧者已亡,新者未立,伥伥无归"的局面,"各种恶果,依然残存,虽曰革易,不过国旗改变数色,政界上改变数人"。②

民初人们以"弃旧迎新"的心态,从观念到态度到行为,由内而外都发生了巨大变化,其中颇多矫枉过正之举,严复就曾经说过:

且仆闻之,改革之顷,破坏非难也,号召新力亦非难也,难在乎平亭古法旧俗,知何者之当革,不革则进步难图;又知何者之当因,不因则由变得乱。一善制之立,一美俗之成,动千百年而后有,奈之何弃其所故有,而昧昧于来者之不可知耶!③

第二节 儒学的衰微和民族精神危机

由于社会的变革,晚清至民初发生了严重的社会危机,集中表现为两个层面:社会政治层面的秩序危机和儒学衰微引起的道德和信仰层面的危机。政治秩序的危机在1895年以后首先发生,以皇权为中枢的帝国专制秩序在一系列的国难冲击下日益腐朽,再也无法维持下去了。但文化认同危机暂时没有像五四以后那样严重,儒家作为中国文化之体的地位还勉强地维持着。经过一系列激进的社会政治革命和思想文化批判,在辛亥革命到新文化运动期间,儒学受到三次大的冲击。第一次是辛亥革命后南京临时政府的成立和《中华民国临时约法》的制定,从法律上、政治上确立了以民主主义思想为国家、社会的指导思想,使儒学在两千多年来首次丧失了作为官方学说的垄断地位;1912年实行教育改革,决定从小学到大学都不专设经科,儒学及其典籍只是作为历史上有影

---

① 梁启超:《新民说》,商务印书馆2016年版,第35页。
② 荣孟源、章伯锋主编:《近代稗海》(第六辑),四川人民出版社1987年版,第212页。
③ 严复:《宪法大义》,选自王栻主编《严复集》(第2册),中华书局1986年版,第246页。

响的一个学派和学术思想分别在哲学、史学、文学等学科中被学习研究,儒学由此丧失了其在学校教育中的特殊地位。第二次发生在袁世凯复辟帝制的过程中。当时袁世凯利用孔子和儒学制造舆论,引起了一些有识之士对儒学的批评,他们反对尊孔复古,反对袁世凯将儒学作为复辟帝制的工具。第三次是新文化运动。一些进步人士以陈独秀创办的《新青年》为主要阵地,猛烈地批判儒学,基本上结束了儒学在思想文化领域的统治地位。从此,儒学再次回到民间,开始了以自己独特的学理来寻求知音的艰难历程。[1]

在道德信仰层面,钱穆则深信儒家的价值系统"是造成中国民族悠久与广大的主要动力",就历史形成而论,"儒家的价值体系并不是几个古圣昔贤凭空创造出来强加于中国人身上的。相反的,这套价值早就潜存在中国文化——生活方式之中,不过由圣人整理成为系统而已。正是由于儒家的价值系统是从中国人的日常生活中提炼出来的,所以,它才能反过来发生那样深远的影响"[2]。

在这个时期,儒家在意识形态方面的统治地位被不断消解,从中心滑向边缘。余英时说:"无论儒家建制在传统社会具有多大的合理性,自辛亥革命以来,这个建制开始全面地解体了。儒家思想被迫从各个层次的建制中撤退,包括国家组织、教育系统以至家族制度等。"[3]

儒学衰微的同时新派人物摒弃了"孔先生"和"孟先生",选择了"德先生"和"赛先生",其实也就是摒弃了中国传统道德,几千年道德规范自此不再是中国人心中的信仰,而成为封建旧道德,是要被抛弃的。段正元描述当时的情况说:"近年以来,欧风东渐,一班人士,唱变法维新之学说,以图富强之基础,于是学校林立,分科分等,教育可谓完善矣。强国之根本,亦可谓立矣。何以变法以来,反不如未变法以前,是何故哉? 无他,舍祖国之道德,而袭泰西之皮毛,用舍不得其中耳。且浅薄者流,甚至提倡毁孔庙,废经学,而视圣人之道德如同草芥,三纲五常等于荆棘,于是民情习俗,为之一变。讲男女平权,讲自由结婚,讲家庭革命,讲种族革命,讲政治革命,窃其名词,袭其皮毛,而种种不良之教育,

---

[1] 宋仲福、赵吉惠、裴大洋:《儒学在现代中国》,中州古籍出版社1991年版,第1-2页。
[2] 余英时:《钱穆与新儒学》,选自《钱穆与中国文化》,上海远东出版社1994年版,第45-50页。
[3] 余英时:《现代儒学论》,上海人民出版社1998年版,第242页。

遂演成无人道之惨剧。"①"当兹圣学衰微,人并不知道德为何物,相欺以智谋,相逞以诈力,相竞以利权,相尚以皮毛,相趋以党派,几若惟此始能立于世界之中。有谈道德者,目为迂酸;有行道德者,斥为腐败。""今日之中国,所以益流为文弱者,实由读书人不明大道,专用至诚于文章,遂致数千年来,道德精华,隐而未发。""今之人多半撇却道德,斤斤于讲平权,讲自由,以法律为惟一之作用。"②也就是说,当时讲变法、讲富强、讲革命,本没有错,可是毁孔庙,废经学,抛弃几千年的道德文明,却是走了另一极端,以至于"今之社会道德,旧者破坏,新者未立,颇呈青黄不接之观……人心世道之忧,莫切于此"。③从那时起,应该说中国人开始走入了没有了道德"标杆"的"道德真空时代",进而导致全社会的道德危机和严重的民族精神危机。

道德的基础塌陷了,政治腐败就走在最前列。当时官场招权纳贿,攘窃营私现象十分严重。有许多革命党人"运动经济则托之大同,纠党欺人则托之天演,纵情物欲则托之乐利,意气颓丧则托之厌世"④,弄得政局一时间相当混乱。人们在现实中看到的是社会依然动乱,政治依然腐败,如有人就这样批评说:

> 现在之政局,果何局耶? 以国内言之,则造谣之局也,诟詈之局也,斗殴之局也,棍骗之局也,贿赂之局也,暴乱之局也,暗杀之局也,分裂之局也;以国际上言之,则保护国之局也,瓜分之局也。国际上之危险,生于国内之扰乱,而国内之扰乱,生于政治。政治既为受病之处,则不能以政治医政治。以政治医政治,是谓以病医病,非徒无益,而又害之。等于抱薪救火,扬汤止沸而已矣。⑤

康有为也曾言:

> 名为共和,而实共争共乱,日称博爱,而益事残贼虐杀,口唱平等,而贵族之阶级暗增,高谈自由,而小民之压困日甚,不过与多数暴民以恣睢放荡,破法律,弃礼教而已。⑥

此时,"革命"一词"大放光辉",无耻行为都被冠以"革命"的名义,正如一位

---

① 《道德学志》,选自《师道全书》卷五,道德学会总会1944年版,第64页。
② 《道德学志》,选自《师道全书》卷五,道德学会总会1944年版,第1、5页。
③ 章行严(士钊):《新时代之青年》,《东方杂志》1919年11月,第16卷第11号。
④ 《论文明第一要素及中国不能文明之原因》,《大陆》杂志第2年第3期,1904年5月。
⑤ 陈焕章:《论废弃孔教与政局之关系》,载《民国经世文编》第39卷,上海经世文社1914年版,第40页。
⑥ 康有为:《复教育部书》,选自汤志均编《康有为政论集》(下册),中华书局1981年版,第862页。

革命党人所感喟的:"吾乃尝观于吾党,有持诡辩者,卢梭好色,罗兰有妇,动引为例,独不返其躬行。"①民初,"上中级人民"以谋官为业②,曾经流行的"无官不赌,无官不嫖,不赌不嫖,哪能成交?不赌不嫖,怎能入朝?"的民谣就是当时官场腐败情形的生动写照。

针对当时社会动乱、政治腐败的这些现象,很多人认为根本原因在道德:"今日之大患,盖在民德之堕落。道德者,民之坊,国之维也。"③正是道德的基础塌陷,才导致了人们对民主、自由、平等思想的曲解误读:"近二年来,所以成此烦扰之现状者,则道德沦亡,纲维尽弛,实有以阶之历也。言自由则逞其野蛮,论平等则近于禽兽,未得自由之幸福,先受自由之灾殃,未享平等之实权,先蒙平等之隐祸,言念及此,可谓痛心,何以故?以无道德为范围故。"④

与道德危机相随相伴的是教化衰息,信仰丧失。民初,康有为就明确指出辛亥革命不仅使政体变更,同时也使"教化衰息,纪纲扫荡,道揆凌夷,法守隳斁,礼俗变易。盖自羲、轩、尧、舜、禹、汤、文、武、周、孔之道化,一旦而尽,人心风俗之害,五千年未有斯极",遂使国人"不知所师从,不知所效法……"⑤。船山学社刘人熙等人"皆以人才衰息,民德堕落为病源";"国体既更,未堪多难,深思其故,惟在人心陷溺,道德堕落"。⑥他们认为"民德堕落""道德堕落"是民初出现重大社会危机的根源所在。1912年冬天,著名记者黄远生在《论人心之枯窘》一文中以惨淡语气,回顾了辛亥革命前后国人心态的变迁、信念的破碎:"晚清时代,国之现象,亦岌甚矣。然人心勃勃,犹有莫大之希望。""今以革命既成,立宪政体,亦既确定,而种种败象,莫不与往日所祈向者相左。于是全国之人,丧心失图,皇皇然不知所归,犹以短筏孤舟驾于绝潢断流之中……"⑦

辛亥革命后的政治腐败、社会失序导致了一些知识分子严重的精神危机,"一时舆论都感觉革命只是换招牌。而过去腐恶的实质,不独丝毫没有改变,且

---

①伯夔:《革命之心理》,载《民报》第24号,1908年10月。
②梁启超:《作官与谋生》,载《饮冰室合集》文集之三十三,中华书局1989年版,第47页。
③谢伯:《论保卫民德宜重宗教》,《大公报》1913年1月25日。
④《共和国之元素在道德论》,《大公报》1914年1月19日。
⑤康有为:《中国学会报题词》,选自汤志钧编《康有为政论集》(下册),中华书局1981年版,第798-799页。
⑥湖南船山学社:《船山学报》(第1卷),湖南师范大学出版社2009年版,第18、53页。
⑦黄远庸:《论人心之枯窘》,选自《远生遗著》卷一,商务印书馆1984年影印本,第88页。

将愈演愈烈"①。受过传统儒家教育的学者在这种情况下经历着重大的精神考验。对于梁漱溟的父亲梁济自沉事件,有学者论道:梁济"既洞知人们困苦之深,又审知士夫官吏奢靡放纵之甚,故其经世之心,专注于端正风习,救民疾苦……痛世道之凌夷,全由人人私利太盛,诈伪相胜,古来真诚爱人之美德,荡然将不可复睹。乃决意作杀身殉道之举,欲以警醒世人"。②究其根本,显然是因民初既有价值体系解体,文化与信仰认同呈现严重危机,而梁济欲以其独特的方式提出重建信仰的迫切任务③。参加过辛亥革命,对革命抱着巨大希望的梁漱溟,在发现政治生活的丑恶一面时也感到惶惑、震惊和厌倦,他回忆辛亥革命后自己的心情时说:"对于'革命'、'政治'、'伟大人物'……皆有'不过如此'之感。有些下流行径、鄙俗心理,以及尖刻、狠毒、凶暴之事,以前在家庭在学校所遇不到底,此时却看见了;颇引起我对于人生,感到厌倦和憎恶。"④

第三节 "道德救世"论

面对如此严重的道德危机和信仰危机,进入新时代的中国人重新认识到道德的重要性。他们把道德看成是救亡的根本:"国民有道德植其基,而后有爱国心,而后人心不死,国家不亡。"⑤孙中山说:"今日民国建设伊始,尤赖诸同胞注意道德,而后邦基可固。"⑥船山学社方坦伯在演讲中说:"对于指导社会一切之事,必以提倡道德为要素。"⑦康有为非常重视道德的作用,他把道德整肃与国家富强、社会进步直接联系起来,认为道德是人类社会存在发展的基础,应着发

---

① 熊十力:《英雄造时势》,《独立评论》第104号,1934年6月10日。
② 张耀曾:《读〈桂林梁先生遗书〉后序》,选自杨琥编《宪政救国之梦——张耀曾先生文存》,法律出版社2004年版,第54页。
③ 韩华:《梁济自沉与民初信仰危机》,《清史研究》2006年第1期,第55-69页。
④ 梁漱溟:《我的自学小史》,选自《梁漱溟全集》第2卷,山东人民出版社1989年版,第687页。
⑤ 《论根本救亡当以道德教育改革人心》,《大公报》1912年6月16日。
⑥ 陈旭麓、郝盛潮主编:《孙中山集外集》,上海人民出版社1990年版,第55页。
⑦ 湖南船山学社:《船山学报》(第1卷),湖南师范大学出版社2009年版,第56页。

挥儒家"仁"的核心价值观:"通于仁者,本末精粗,六通四辟,无之而不可矣。"①"仁"几乎无所不在、无所不能,中国赖此得以存,大地生民赖此得以生。康有为试图以儒家仁学为主体,参考西方人道主义构筑起他自己的新仁学,来重建中华民族的道德体系,强调孔子之道,实以仁道为教。"中国立国数千年,礼义纲纪,云为得失,皆奉孔子之经。若一弃之,则人皆无主,是非不知所定,进退不知所守,身无以为身,家无以为家,是大乱之道也。"②康有为的弟子陈焕章认为民国以后道德沦丧是革命废弃孔教的结果:"革命后之政治,其腐败乃从古所未见。废孔教之所致也。""孔教既废,则人之道德心尽亡,故其竞争与政治也,并不见为义务,而只见为权利。"基于这种认识,陈焕章提出了道德救国的主张:"救中国今日之政治,宜何道之从?曰:道德者,人类之不可须臾离也。若政治以权利为标帜,则其需要道德尤甚。救政治之病,亦曰道德而已矣。"③1905年(光绪三十一年)初,邓实于上海组建了学术团体"国学保存会",创办机关刊物《国粹学报》,该刊以"爱国保种,存学救世"为宗旨,而章太炎即是该刊的主要撰稿人,章一再强调道德的重要作用,认为"道德衰亡,诚亡国灭种之根极也",明确提出了"无道德者之不能革命"的思想:"共和政体,以道德为骨干,失道德则共和为亡国之阶。"④

对于大多数知识分子来说,他们自觉或不自觉地回溯历史,期望以传统道德来挽救时势。这一方面是受中国传统道德文化的影响,另一方面与儒学思想在民初仍然在一部分知识分子头脑中有重要地位有关。由于改革的失当和原有的痼疾,社会岌岌可危。⑤有人开始回首传统,热切地呼唤旧道德,企图通过旧道德来收拾局面。当时的各类报刊中出现了大量此类文章,形成了"道德救世"思潮,如章太炎改变了早先革命时期激烈批判儒家的态度,转而服膺儒家思想,抛弃了各种道德学说,完全回到儒家道德立场,视孔学为唯一的救世良方:"所问佛法,尚不足以转移人心,其任谁属?仆以为孔子之书,昭如日月。《论语》

---

① 康有为:《孟子微自序》,选自乔继常选编《康有为散文》,上海科学技术文献出版社2013年版,第217页。
② 康有为:《孔教会序》,《孔教会杂志》第1卷第2号。
③ 陈焕章:《论废弃孔教与政局之关系》,《陈焕章文录》,岳麓书社2015年版,第61,62页。
④ 章太炎:《质伯仲书一》,选自汤志均编《章太炎政论选集》(下册),中华书局1977年版,第645页。
⑤ 丁守和:《辛亥革命时期期刊介绍》,人民出版社1982年版,第583-584页。

二十篇……德行政事,何所不备?"①严复这时也开始重新反省中国历史,认为中华民族之所以成今日庄严民国,而不像世界上其他一些古国如罗马、希腊、波斯等很快烟消云散,主要是靠"孔子之教化",所以对其向来服膺的进化论开始有所怀疑:"天演之事,进化日新,然其中亦自有其不变者。"②

孙中山总结民族没有灭亡的根本原因:

> 因为我们民族的道德高尚,故国家虽亡,民族还能够存在;不但是自己的民族能够存在,并且有力量能够同化外来的民族。所以穷本极源,我们现在要恢复民族的地位,除了大家联合起来做成一个国族团体以外,就要把固有的旧道德恢复起来。有了固有的道德,然后固有的民族地位才可以图恢复。讲到中国固有的道德,中国人至今不能忘记的,首是忠孝,次是仁爱,其次是信义,其次是和平。这些旧道德,中国人至今还是常讲的。但是,现在受外来民族的压迫,侵入了新文化,那些新文化的势力此刻横行中国。一般醉心新文化的人,便排斥旧道德,以为有了新文化,便可以不要旧道德。不知道我们固有的东西,如果是好的,当然是要保存,不好的才可以放弃。③

显然,孙中山批评新派人物把旧道德与新道德截然对立起来,全盘反孔的做法,强调中国固有的道德仍然适合现代社会,是我们民族的精神根基。

道德学社社师段正元批评当时政治:"至今民国成立十三年,则自由不能,平等不得,朝野上下,无法收拾。何以故?因知新而不知旧也。旧者固执,名虽重纲常伦纪,而内无真贞实行实德。口头禅,假道德,假仁义,敲门砖,因而三纲不正,五常不明。又何以故?知旧而不知新也。纵有新旧兼知者,知外而不知内,知人而不知仁,知己而不知真贞为己。学非透彻本元,终是皮毛作用而已。……今当民国,果民可以为国,则宜平等自由矣,而反自相残杀,民不聊生者,未从根本解决故也。果有圣者在位,实行内仁义,贞道德,期月可矣,三年有成。"④"强权也,党派也,金钱主义也。此讲富国强兵,一时行险侥幸之政治,皆非大同政治。"⑤"至今道气闭塞,无一人谈及道德二字。现在国家无统一办

---

①章太炎:《与孙思昉论学书》,《制言》,1937年8月1日,第46期。
②严复:《读经当积极提倡》,王栻编《严复集》(第2册),中华书局1986年版,第330-332页。
③孙中山:《民族主义:第六讲》,选自《孙中山全集》第九卷,中华书局1986年版,第243页。
④《敏求知己》叙言,选自《师道全书》卷十九,道德学会总会1944年版,第1页。
⑤《大同元音》,选自《师道全书》卷十一,道德学会总会1944年版,第8页。

法,又不以道德为然。"①"民国任用新旧人才治世,九年无一人倡言实行道德,大同政治。故国家毫无头绪,新学不知反本,旧学不知改不良,彼此至死不变。"②之所以出现这些现象,他认为关键是没有人实行道德:"今众人鄙薄道德,闻道德头痛心慌。由平日无真道德心,魔心作主,自暴自弃。人不行道德,如禽兽无知无识,醉生梦死,实在可怜。"③所以,段正元立志于实现儒家的大同理想。他指出,解决中国社会问题、国际社会问题的最佳途径,是推行中国的传统道德,唯有实行道德,才能实现世界大同的理想。

"学衡派"的代表人物吴宓把孔子作为人类理想中最高之人物:"孔子者,理想中最高之人物也。其道德智慧,卓绝千古,无人能及之,故称为圣人。圣人者,模范人,乃古今人中之第一人也。"具体地说,首先,孔子本身已成为"中国文化之中心。其前数千年之文化,赖孔子而传;其后数千年之文化,赖孔子而开;无孔子,则无中国文化";其次,孔子是"中国道德理想之所寓,人格标准之所托"。孔子降生两千多年来,"常为吾国人之仪型师表,尊若神明,自天子以至庶人,立言行事,悉以遵依孔子,模仿孔子为职志。又借隆盛之礼节,以著其敬仰之诚心"④。

"东方文化派"主将杜亚泉在《国民今后之道德》一文中认为中国文化的优点在儒家的伦理道德,它基本上适用于现代社会。在《静的文明与动的文明》一文中,杜亚泉比较了中西文明的差别,以为具有内在道德修养的中国文明是优越的,"正足以救西洋文明之弊,济西洋文明之穷者"⑤。在《迷乱之现代人心》一文中,杜亚泉指出中国文明是中国的"根基",是周孔以来统一的儒家思想,今日西洋的种种主义主张,只不过为中国固有文明的一部分而已,主张以中国固有文明去"统整"西洋文明:"西洋之断片的文明,如满地散钱,以吾固有文明为绳索,一以贯之。"⑥

梁启超在《世界伟人传·第一编·孔子》中对孔子的历史地位作了高度评价,

---

①《大同元音》,选自《师道全书》卷十一,道德学会总会1944年版,第20页。
②《大同元音》,选自《师道全书》卷十一,道德学会总会1944年版,第14页。
③《大同元音》,选自《师道全书》卷十一,道德学会总会1944年版,第14页。
④吴宓:《孔子之价值及孔教之精义》,《大公报》,1927年9月22日。
⑤伧父(杜亚泉):《静的文明与动的文明》,《东方杂志》(1916年)第13卷第10号。
⑥伧父(杜亚泉):《迷乱之现代人心》,《东方杂志》(1918年)第15卷第4号。

认为中国两千年间的"学问""伦理""政治"皆出于孔子:"其人才皆由得孔子之一体以兴,其历史皆演孔子之一节以成。苟无孔子,则中国当非复二千年来之中国。中国非复二千年来之中国,则世界亦非二千年来之世界也。"[1]

除了发表议论,支持传统道德文化外,民国以后许多地方还成立了各种教化社团,昌明儒家学说,提倡传统道德,并得到了社会各界人士的热切回应。如1912年2月山西军政要人赵戴文、景定成、张瑞等在太原成立"宗圣会",该会"以宗孔子及群圣贤哲,阐明人道,补助政教,促进人群进化,民族大同为宗旨"[2]。同年6月,王锡蕃、刘宗国、薛正清等在济南成立"孔道会","以讲明圣学,敦励行宜,陶淑人民道德,促进社会文明为宗旨"[3]。同年10月7日,陈焕章、沈曾植、梁鼎芬、麦梦华等在上海成立"孔教会",以"昌明孔教、救济社会为宗旨"[4]。1913年4月27日北京成立孔社,袁世凯在孔社成立大会上致辞说:"民国肇始,帝制告终,求所以巩固国体者,惟阐发孔子大同学说,可使共和真理深入人心,升平太平进而益上,此为世界学者所公认。"[5]1916年12月31日,北京道德学社正式成立,地址在西单头条胡同六号。学社社长为王士珍,社师为段正元。弟子多为军政要人及留日回国者。开社当天,段正元作了演说,宣讲道德的含义、作用,以及道德学社的宗旨,即"阐扬孔子大道,实行人道贞义,提倡世界大同,希望天下太平"。1917年,山西督军阎锡山成立"洗心社",以"存心、养性、明德、新民"为宗旨,他自任社长,并演讲说:"今欲天下国家之治平,别无他法,只人人遵行圣人之道,则治平可望,舍斯则洪水猛兽滔滔方未艾也。"[6]

此时部分人已隐约想到,基于宗教的道德,将可能不失为挽救人心的良策。许多人更把孔教兴衰与道德存亡乃至国家命运联系起来,如"窃维立国之本在人心,人心之本在道德,道德之本在宗教,是则宗教者直接而为人心道德之本,间接而为国家巩固之基也。"[7]康有为把孔教看成中国人道德的根本。他说:"中

---

[1] 梁启超:《梁启超全集》(第六册),北京出版社1999年版,第3155页。
[2] 韩达编:《评孔纪年(1911—1949)》,山东教育出版社1985年版,第3页。
[3] 韩达编:《评孔纪年(1911—1949)》,山东教育出版社1985年版,第3-4页。
[4] 韩达编:《评孔纪年(1911—1949)》,山东教育出版社1985年版,第5页。
[5] 韩达编:《评孔纪年(1911—1949)》,山东教育出版社1985年版,第16页。
[6] 韩达编:《评孔纪年(1911—1949)》,山东教育出版社1985年版,第66页。
[7] 中国第二历史档案馆编:《中华民国史档案资料汇编》(第3辑),江苏古籍出版社1991年版,第51页。

国之人心风俗、礼义法度,皆以孔教为本。若不敬孔教而灭弃之,则人心无所附,风俗败坏,礼化缺裂,法守扫地,虽使国不亡,亦与墨西哥同耳。"①康有为的弟子陈焕章也认为救当时政治腐败之病必须依靠本于孔教的道德。他说:"然则救中国今日之政治,宜何道从之?曰:道德者人类之不可须臾离也。若政治以权利为标帜,则其需要道德尤甚。救政治之病,亦曰道德而已矣。……中国今日之所以上无礼,下无学,贼民兴,丧无日者,岂不以废道德所从出之故乎?我中国之道德,出于孔子。孔子者,中国道德之祖也。……吾中国之所谓道德,本乎孔教而言也,今之所谓道德,离乎孔教而言也。离乎孔教而言道德,故无所谓道德,惟有权利之竞争而已;亦无所谓权利,惟有嫖赌宴游一往而不可复之消费而已。此今日政局之所以败坏若是也。欲救治之,非返于孔教之道德不可。"②但在一个科学日渐昌明的时代,如何建立道德宗教,它是否有存在的必要和可能,则是当时人所无法回答的。康有为、陈焕章则坚信宗教对于道德危机的积极作用,在社会各界的猜测议论声中,他们积极投身通过孔教复兴道德,救国救民的大业。

在这样的背景下,段正元对近代中国社会状况和以道德为核心的民族精神危机充满忧虑,他说:

何以堂堂礼义之中华,不知实行固有道德,而反崇拜皮毛之物质,忘却根本之精神,废弃伦常,打破廉耻,以致家庭革命,父子革命,夫妇革命,将人生幸福,满盘推倒,国家社会,造成万恶世界。朝野上下,竞相争夺,尔诈我虞,转相贼害,即有人剥夺其生命,亦不闻不问,惟朝日想方设计,自私自利,自相残杀。长此以往,势不致毁灭殆尽不止。我们修持人,悲悯为怀,见此劫难浩大,人民痛苦,不忍坐视,时刻苦口婆心,教其急(及)早回头,免致扰乱世界,危害人民……今社会人心,万恶到极,纲常伦纪,破坏到极,阴阳男女,淆乱到极,一切惑世诬民之邪说,充塞仁义到极。天地无定位,鬼神无依赖,人民不得生存,世界焉得不乱?③

近代以来,西方先进器物的涌入改善了中国人的物质生活,人们在满足感

---

① 康有为:《乱后罪言》,选自《康有为政论集》下册,中华书局1981年版,第917页。
② 陈焕章:《论废弃孔教与政局之关系》,选自《陈焕章文录》,岳麓书社2015年版,第62—63页。
③《申集大成》,选自《师道全书》卷三十六,道德学会总会1944年版,第4—5页。

官享受,狂热追逐物欲的同时,把几千年的仁义道德贬斥为"腐朽之物"。针对近人迷信西方科技,迷醉西方物质文明的现象,段正元从大道的高度,以儒家的学理,把日常实用艺能称为"小道",把道德仁义称为"大道"。他说:"小道者,道之发散也。凡一艺一能,为人生日用间所不可少者,皆小道也……其它声光电化等学,精益求精,至今日震耀全球,国家获其利,人民蒙其福,咸以为天地间一大特色,更无有加于其上者,其实皆小道也。子夏曰:'虽小道必有可观者焉。致远恐泥,是以君子不为也。'盖以人各有职,身无余闲,不为可也,然为之亦不害其为君子。正道者,道之常行也,儒家所谓仁、义、礼、智、信是也。持身涉世,缺一不可,四子六经所言,多是正道。"①从中可以看出,首先,段正元并不反对声光电化这些新式科技成果,认为这些东西虽为小道,但也并不影响人们修行君子之道;其次,他将这些物质成果与道德仁义之大道比较,将其定位为"道"之发散的"小道",告诫人们不要一味地痴迷于其带来的耳目口鼻上的感官享受,强调儒家的仁义礼智信才是持身之正道。在段正元眼中,道德仁义与器物之间是体与用、本与末的关系,他这样论述道:

就现世界而视,物质发明,已臻极点。凡声光化电,机械器用,皆创古所未有。考其究竟,还是形下之器,尚非人类生存之无上幸运。何则?物质文明,浮而不实,有表无里,故物性愈演进,而奸盗邪淫愈工巧。若不以道德维持救正,人人心目中,只知惟利是视,利之所在,群起竞争。竞争不已,即演出残杀之苦。此欧西各国,所以有今日之大战祸也。欲弭此祸,导斯世于和亲康乐,舍启发人人共有之天良,推阐人人固有之道德,宁有他途!②

在段正元看来,道德为文明的核心,如果物质文明的发展没有道德维持救正,上下交征利,人人唯利是图,竞争不已,就会酿成大祸。为此,他在《易经》"形而上者谓之道,形而下者谓之器"的基础上,以形而上之道为"体",形而下之器为"用"。体和用都是道之所发,不过"形上者道之精华,形下者道之枝叶"③。真正的圣贤英雄是"发大道精华,以立人道根本,并且制器尚象,以全民用,以厚

---

① 《道德学志》,选自《师道全书》卷五,道德学会总会1944年版,第1页。
② 《道德学志》,选自《师道全书》卷五,道德学会总会1944年版,第33页。
③ 《道善》,选自《师道全书》卷十二,道德学会总会1944年版,第46页。

民生。体用兼赅,本末俱备"①。这说明他的思想还是基于"中体西用"的基本构架。

自中国的大门被列强的坚船利炮打开以来,器物革命成为中国人探索复兴之路的重要内容,早期开明人士极力倡导"师夷长技以制夷"的思想,并积极学习仿造西方的先进武器;洋务运动在"中体西用"的思想框架内开始了大规模的实践。思想上,人们对西学的热衷程度也愈加强烈。段正元身处这种思潮之中,固守传统道德仁义的根本性和救世性,将西学器物之利斥为"小道",显现出他认知上的局限性。

---

①《道善》,选自《师道全书》卷十二,道德学会总会1944年版,第46页。

第二章 道德学社的前身

第一节　伦礼会

道德学社的创始人段正元祖籍福建省长汀县。清顺治七年(1650年)六世祖因避寇乱,迁离故乡,其后人于雍正元年(1723年)夏历三月进入四川。先到重庆,后到荣昌,最后落脚于威远县。此后,段氏后代繁衍,不下数百人。[①]

据《丙子法语》及《己卯法语》记载:段正元于同治三年(1864年)夏历四月初一出生于堰沟坝村,起名德现。后改为德新,又改名正元,取"天元正午,道集大成"之意。

段正元年轻时师从一个叫龙元祖的人学道,后游历全国各地,寻师访友。1909年,段正元来到北京,在京遇到四川新津县人杨绍修。杨绍修,字献廷。那时杨献廷留日归国,正在民政部供职。杨献廷常来段正元处聆听教诲,并拜段正元为师。

宣统三年(1910年)夏历七月,段正元与杨献廷回川。

回川后段正元到成都与杨献廷筹备办伦礼会。

伦礼会于民国元年(1912年)二月初五(礼拜六)成立,地址在成都桂王桥南街。正式成立前,段正元已经以大成礼拜研究会名义公开讲演多次,每次演讲前都要对至圣先师牌位行大成礼拜礼仪,然后才开讲。伦礼会成立后,每周日

[①]《丙子法语》,选自《师道全书》卷四十七,道德学会总会1944年版,第31页。

有段正元的演讲。周六晚,会员沐浴斋戒,着袍,戴儒冠,穿方履,敬慎于仪容室内,默省七日中言行,有不慊于心者,礼拜时悔改之。礼拜之后,由段正元登台演讲,当时吸引了众多好学求道之人。演讲内容由弟子编辑成《大成礼拜杂志》《外王刍谈录》等。

关于创立伦礼会的缘由,段正元在《正元法语》中解释说:"壬子年在四川办伦礼会时,即与众人不同,尔时学堂主张焚圣经,推倒孔子,反古之道,自称讲新学。所谓顺世界潮流,正是顺气数之天命,与万物之顺命,实无以异。我顺上天之天命,独倡尊孔,专讲内圣外王之大道、三教万教之至理,阐发圣经贤传之真义,实行纲常伦纪。"[①]这说明伦礼会是在新文化运动反孔批儒的大潮流中"逆历史潮流而动",传承和弘扬儒学与中国传统文化的一个民间教化组织,也可以说就是道德学社的前身。

对于创设伦礼会的动机,他后来回忆说:"在成都创设伦礼会,意在革故鼎新,除假借道德仁义,三纲、五伦、八德为专制,使人民不得真自由之恶习,转而知道实行天伦之乐。真正人伦在其中,即真正自由平等在其中,而国家之治平,由此可定,此所谓温故而知新,破坏即所以建设也,革命即所以维持也。"[②]他认为当时新文化运动的倡导者及参与者只知一味地破坏,不知道建设,他吸纳了自由、革命观念,对破坏与建设的关系有自己的认识:"要知革命,不徒破坏为能,要有破坏,有建设。即未想破坏,先想建设,故能随破坏,随建设;即破坏,即建设。譬如旧屋未拆,新屋图样先成,随拆随造,人得安居,享革故鼎新之幸福。不致拆了不管,令人徒受风雨漂(飘)摇之痛苦,反不如仍存朽敝之旧屋,尚可苟安。汤武革命,称为顺天应人,人民咸乐治安者,即建设成竹在胸,先有建设大本领,真实行,而后从事破坏,故一戎衣而天下大定。吾今讲革除理想敷衍之假道德仁义,实行开诚布公之真正道德仁义,亦犹是也。"这种破坏与建设理念,与当时学界的"学衡派""东方文化派"的观点及"新传统主义"相呼应。

他论破坏与保全的关系:"自来英雄豪杰,以及江湖浪荡一流,大抵能破坏,而不能保全。而善人理学以及一般庸众,又大抵能保全,而不能破坏。今大道要行,要使天下人人,享真正自由平等之安乐幸福,当破坏就要破坏,当保全又

[①]《正元法语》,选自《师道全书》卷八,道德学会总会1944年版,第52页。
[②]《革故鼎新》,选自《师道全书》卷二十六,道德学会总会1944年版,第5页。

要保全。而凡事能破坏,又能保全,非具有佛家般若波罗密之大智慧,儒家智仁勇之三达德者,不克肩兹重寄。"①这里的"破坏"是指对传统文化中腐朽没落内容的清除扫荡;"保全"是指对传统文化中优秀的、符合时代发展需要的内容进行保留、传承、弘扬。所以"破坏"和"保全"也是辩证的。

"伦礼会"为什么用"礼"而不用"理"?有一天,有人来到伦礼会质疑段正元说:"伦礼之'礼'字,一般皆用斜玉'理'。今贵会用礼乐之'礼'者,何也?"

段正元回答:"礼者,道之华,即道之精。道无形,而礼可执。道一动为理,再动为礼。理者,可思可言,而不可全行。礼者,可思可言,而处处不可离。故孔子雅言诗书而外,教人执礼……伦而续以礼者,昌明人道,重躬行也;伦而续以理者,昌明科学,资研究也。研究伦理,民则多智而鲜仁。其为国也,流弊在强,强则争,争则亡。故尚之以政,天下之人皆道于政。齐之以刑,天下之人皆靡于刑。尚政靡刑,则强于气而不安于心。故曰道之以政,齐之以刑,民免而无耻。无耻矣,而欲乐人道也难矣,是反常也。反常必戾,故有圣人者出,吾知其必反经以正民。天下之大经正,则天下之大本立。天下之大本立,而民安矣。"②"有言伦礼之礼,应该用斜玉之理……斜玉理是空谈理想,辩驳是非,无一定之虚际;伦礼之礼,是躬行实践,克己复礼,《礼运·大同》之实礼。"③按照一般人的认识,伦理是讲人伦的理论、道理,应该用"理",而段正元则用了礼乐、礼义的"礼",是不是搞错了?段正元解释,自理学成为官学以后数百年来"理字只是空谈虚假,故理驳千层无定",而"礼乃天秩天序之实行,故斯须不可去身",所以叫"伦礼会"而不叫"伦理会"。而正名为"伦礼"的动因正是要去除程朱理学的弊端,表明"除假行真"的意思,强调躬行实践的意义。至于后来又改"伦礼会"为"人伦道德研究会",主要是"教人革空理,而履实礼也"④。

就伦礼会的思想意蕴,他阐述道:"礼无伦不立,伦无礼不行,一经一纬,一体一用,有经纬而后可以成锦,有体用而后可以成物。人进化以来,征诸历史,四千余年,礼之变态虽多,伦为不磨之典。环球各国,虽政朔不同,风教各殊,而

---

① 《革故鼎新》,选自《师道全书》卷二十六,道德学会总会1944年版,第8页。
② 《大成礼拜杂志》,选自《师道全书》卷二,道德学会总会1944年版,第62页。
③ 《大道源流》,大成印书社1939年版,第1页。
④ 《革故鼎新》,选自《师道全书》卷二十六,道德学会总会1944年版,第4页。

伦礼究为普通要素。"①"伦"主要指君臣、父子、昆弟、夫妇、朋友五个方面，儒家认为这是天下的达道。君臣、父子、昆弟、夫妇、朋友的名分定，礼于是确立。礼无伦不立，伦无礼不行。如果有伦而无礼，那么伦也只是徒有虚名，无法实行。之所以要办伦礼会，他说是因为"今吾国人心，醉时风者，倡平等自由之说，及于父子昆弟之间，自由结婚之风潮，日盛一日。詈父母之命、媒妁之言为最野蛮，最不自由之批斥。果是耶？果非耶？抑礼制以时因革，上律天时，下袭水土，当如何折衷耶？是西学东入，有原动而无反动。吾国士子，亦应研究者。以上数端，皆为世道人心之害，伦礼上莫大之动摇，久无定论，影响靡涯，不知伊于胡底！吾恐今时学者，不求其本，而齐其末。不但学乎其上，不得乎其中，将遭人类澌灭之惨祸也。悲夫！同人等发启伦礼一会，招集天下忧时之士，集思讨论，本博学、审问、慎思、明辨之旨，然后笃行。各为一家之倡，然后求诸国人，庶乎可补法律之所不逮，保存吾国之特质，亦吾人之天职也。区区之意，识者谅之。"②段正元觉得，几千年来，我们作为礼仪之邦，实行礼教，可是近代西风东渐，国人倡导自由平等学说，批判所谓"封建礼教"，人伦乱了，礼仪没了，舍本逐末，唯西方马首是瞻，危害世道人心，所以段正元满怀忧患，与同人发起伦礼会，欲集天下忧时之士，集思讨论，明博学、审问、慎思、明辨之旨，然后笃行。

1918年十二月初八讲演时他回忆道："初开会时，政界中人亦有来襄办者，盈庭分议，概都沿袭党会形式，大意在利用官力以筹经费。吾乃宣明本会宗旨，且扬言不受官产官费，不取党会形式。一般势利之徒，遂从此杜绝。"③四川都督尹昌衡雅重道德，见众人皆以颠覆纲纪为能，唯段正元特别提倡伦礼，推崇人道，愿以藩台衙门作伦礼会会址，并愿拨款五千元为伦礼会经费。这种事情在他人是求之不得的，但段正元却对尹说："伦礼会是我私人所办。"婉辞不受公家资助。但实际上当时经费非常紧张，开会时没有钱购置器物，就以碗作香炉，敬奉孔子。这遭到了一些人的嘲笑，说段正元放着公款公地不用是"直而无礼"、迂腐，而段正元则是遵师龙元祖之教，坚持修道之人办事不用公家一文钱，不占公家一席地，纯以各人之精力，作挽回世道，救正人心的义务。所以"会内一切

---

①《外王刍谈录》，选自《师道全书》卷二，道德学会总会1944年版，第40页。
②《外王刍谈录》，选自《师道全书》卷二，道德学会总会1944年版，第41页。
③《正元法语》，选自《师道全书》卷七，道德学会总会1944年版，第68页。

费用，完全由私人之感情维持，自由快乐，未劝募分文，献廷维持之力最多"①。段正元办伦礼会时非常注意民间性、独立性，特别注意避免受官方干扰、制约，这为以后办道德学社树立了基本准则。

第二节　人伦道德研究会

伦礼会成立数月，参加的人越来越多，弟子已有数百，影响越来越大。遂由桂王桥搬至会府街，同时改"伦礼会"为"人伦道德研究会"。段正元在《正元法语》里解释改名的原因说，他的志向是挽回世道，救正人心，以实现大同世界。大同的实现得一步一步来，办伦礼会时，主要是针对当时的批孔潮流。段正元认为，所谓的讲新学，顺应世界潮流，实际上是弃旧图新，抛弃传统文化。他倡导尊礼，专讲儒家内圣外王之大道、三教万教之至理，阐发圣经贤传之真义，实行纲常伦纪，所以由伦礼会进而改为人伦道德研究会，进而改为大成礼拜会，连续办了好几年，在当时民间社会产生了一定影响。②

段正元在《人伦道德研究会启》中阐释人伦道德研究会的宗旨与意义时说："人伦者，人为体而伦为用。人以知觉为性、运动为灵，君子博学、审问、慎思、明辨之功，始于此伦。以三纲为模范、五伦为标准，圣贤下学上达，成真作圣之基，始于此道德者。道为体而德为用，道则语大莫能载，语小莫能破，为天地之主宰，人神之大路。得于心者为德，德本授受一贯之资，允执厥中之所，故曰苟不至德，至道不凝。而人伦又为后天之用、外王之实，其事则修身齐家治国平天下，贤者希圣之实功。故孟子云：'圣人，人伦之至也。'道德乃先天之体、内圣之实，其事则穷理尽性，以至于命。由圣希天之实功，故至诚之道，可以前知，至诚如神，圣而不可知之之谓神。然则人伦者，不啻道德之发华。道德者，不啻人伦之根蒂。由人伦以至于道德，归根复命也；由道德以至于人伦，一本万殊也。是故人伦道德者，一而二，二而分，分而化，化而合，合而一，一而神，为上下古今之

---

①《大道源流》，北京大成印书社1939年版，第3页。
②《正元法语》，选自《师道全书》卷八，道德学会总会1944年版，第52页。

常理,中外远近之常经,无人可外,亦无人不可企及也。果能尽人伦道德,即升堂入室而至于大成,希贤、希圣而希天也,大同云乎哉!"①段正元解释由伦礼会而改为人伦道德研究会的原因时说:"元年春,设立伦礼一会矣。伦礼而不言道德,下学而自画也,奚足以语伦礼哉!二年春,由伦礼以穷道德,合曰人伦道德,仍持善与人同之旨,故曰人伦道德研究会。"②"人伦道德名之曰研究会者,谦谦君子,乐取于人之所为也,故其性质内容,峻别他会。好学之士,知圣道存养省察之功,圣神功化之妙者,不乏其人。"③可见,人伦道德研究会一方面弘扬以道德为核心的儒家文化,另一方面也是一个志同道合者实修实证的同修会,虽名"研究",但与后来纯粹研究学术的团体不同,其不是纯粹"研究"人伦道德理论,而是研究如何实践人伦道德。

为了集思广益,集合志同道合者,段正元还发布了《人伦道德研究会求友文》,向社会寻求志同道合的师友。为此他提出了七十二个求友的条件(详见附录),目的是希望符合这些条件的朋友莅临研究会,互相切磋,发扬光大中国传统伦理道德,挽回世道,救正人心。

人伦道德研究会作为一个民间教化组织,理想是天下大同。在办人伦道德研究会期间,段正元还上书国际联盟,提出人民平等、万邦协和、世界大同等主张,呼吁综合中外之学说,阐以不欺不诈不争不夺,相亲相爱相扶持之至理,实行孔子之大同思想。

要实现大同,需要大批人才,因此段正元还设想成立中和学堂,以"总百学在其中,致圣道之广大"④,培养大同人才。在《中和学堂启》中他引用《中庸》"中也者,天下之大本也。和也者,天下之达道也。致中和,天地位焉,万物育焉"来阐明其中和思想。"原夫虚空由一中以生天地,天得一中以清,地得一中以宁。曰清曰宁,天地之太和也。有此太和元气,遂以化生万物。万物之内,人为最灵。自盘古以迄于今,人类虽万有不齐,要莫不受天地之中以生。克守厥中,自无不和。无如气禀有偏,智者过之,愚者不及也;贤者过之,不肖者不及也。各

---

① 《人伦道德研究会启》,选自《师道全书》卷二,道德学会总会1944年版,第42页。
② 《人伦道德研究会启》,选自《师道全书》卷二,道德学会总会1944年版,第43页。
③ 《内圣受道之标准》,选自《师道全书》卷二,道德学会总会1944年版,第49页。
④ 《大成礼拜杂志》,选自《师道全书》卷四,道德学会总会1944年版,第26页。

执一见,两不相能,乖戾生而世道所由坏。拨乱反治,匪学末由。"①人受天地之中以生,本应由中致和,但气质之不齐,导致各有所偏,各执己见。他认为,欲挽回世道,先在救正人心;而欲救正人心,尤在发明圣道。圣道不外天道,天道又集中体现为中和之道,古圣先贤都能够行中和之道,修身齐家,治国平天下,但是宋明以降,"讲心学者,只顽空以了其中,而不能饮人以和。讲理学者,又矫枉过正,多向事物求中,无酝酿太和。其它训诂词章,旧学积习,富强功利,新学争趋,等而下之,更有借所学以济其奸,沦于禽兽而不返者。所以学堂虽日见林立,人才无由造就,世界无由光明,学士即无由希贤希圣希天。"②他认识到非学堂无以深入研究,非研究无以弘大教育。以中和为目的,立学堂以公诸同好,这样由伦理以进于道德,由道德以进于大成,使圣圣相传的心法,百世外王道统得以续存。

弟子们对在人伦道德研究会基础上办中和学堂很认同,但提出了"善办之法何如"的问题,段正元回答说:"欲立中和学堂,必先知大成之学,可以合中外,可以一古今,可以赞美天地之化育。欲知大成之学,必先知道德之华,在明明德于天下,然后可以亲民,可以止于至善。欲知道德之华,壹是皆以伦礼为下学,由天下之大经,达天下之大本,然后知圣道之果足以平治天下,中天下而立,定四海之民也。愚于元年春,设立伦礼一会矣。伦礼而不言道德,下学而自画也,奚足语伦礼哉!二年春,由伦礼以穷道德,合曰人伦道德研究会。人伦道德而不以大成为正宗,则三教不合源,万教不归儒,将何以内圣而外王也?三年春,拟设大成研究会矣。大成成,即学堂成。集古今中外之大成,而成中和学堂也。"③所以,按照段正元的设想,第一年成立伦礼会,第二年成立人伦道德研究会,第三年春拟设大成研究会。之后,在大成研究会基础上,再集古今中外之大成,成立中和学堂,为实现天下大同的理想奠定基础。

人伦道德研究会初具规模,杨献廷的弟弟杨绍周已从美国留学归来,也拜门入会。入会者还有刘晖吉、李惠璋、李少伯等人,会中经费也较之前富余。但段正元仍然本着节俭原则办事,出门都是安步当车。

---

① 《中和学堂启》,选自《师道全书》卷二,道德学会总会1944年版,第50页。
② 《中和学堂启》,选自《师道全书》卷二,道德学会总会1944年版,第50页。
③ 《中和学堂善办之法》,选自《师道全书》卷二,道德学会总会1944年版,第52页。

以节俭精神创办的人伦道德研究会稳步发展。段正元曾在《戊寅法语》中回忆："当年我在四川立伦礼会时，他人一轰而起之会社，共有百余个。以人情说，他们之会，人多钱足，应该长久发达。而未几时，全体解散。我之会，不用公家一文钱，不募社会一文捐，三年之久，巍然独存。"[①]自民国建立以来，成都所立各种会不下百数，大多有公款维持，但最终都关门大吉。只有段正元所立之人伦道德研究会"不用公家一文钱，不募社会一文捐"，实行孔子之道。三年间，段正元坚持每礼拜六讲演，共讲一百二十三次，出"圣道丛书"十八册，为传承传统文化，挽救世道人心做了许多工作，体现了其淑世情怀和力行精神。

[①]《戊寅法语》，选自《师道全书》卷五十三，道德学会总会1944年版，第6页。

北京道德学社

第三章

第一节 进京

1914年,段正元见四川已不可能有所作为,要成就事业,就要到下江(即武汉、南京、上海一带)和北京,寻访同门,弘扬大道。于是他对成都的弟子说:"若有人愿接供孔子圣牌勿替,川省治安,仍然可保,否则难言。"可惜的是会中数百名会员竟无一人愿意继续承办。①

1914年8月,段正元偕杨三生(献廷)、杨勋民(绍周)、李少伯、刘晖吉等八人,携圣牌由成都出发,取道乐山,乘船去重庆,顺流而去汉口。

段正元与弟子一行到达汉口,在武昌黄鹤楼吃茶时,遇见一位故人——苏载华。苏幼学天文,善观人气色,也有救世之心,曾经游历世界,考察各国风土人情,发现现今西方教育大半由外而内,大都是治标的学说,见效显著,但难以称得上治平之道。西学都讲优胜劣败,讲富国强兵,你不让我,我不让你,你讲你的强,我讲我的富,富强一有冲突,不免于竞争,强与强相斗,两败俱伤,玉石俱焚。这就是西方教育治标不能治本的原因。中国的教育由内而外:内而讲圣道,外而讲王道,以道德仁义救正人心,以行政法律保护治安。但王道功效慢,大多数人以为迂阔而远于事情。其实这才是至平至常而又至神至妙的教育,只有这样的教育才能平治天下,实现天下大同。段正元赞同其说,他们热烈讨论

---

① 《大同贞谛》,选自《师道全书》卷十六,道德学会总会1944年版,第8-9页。

如何通过教育救正人心,平治天下。后来又讨论"二战"问题,苏载华分析"二战"爆发的原因,是因为一般势利之徒,好勇斗狠。苏载华对段正元倡导的三教同源,万教归儒深表赞同,他希望段正元把在成都办会时的演讲、问答、日记、笔记整理出版,让更多的人来学习、研读,随后二人相约而别。

九月初六苏载华又与段正元会晤,对段正元讲学传道的行为颇有赞扬。段正元对他说:"弟今想来,不图有功,只期无过,朝日只得对人说好话,时时刻刻寡过,还恐不能。弟这回出来,不过了我之人事。人言民国匹夫,亦有责任。今我也是民国中一份子,退也退不了。我欲洁其身,而又乱了大伦。今只得鞠躬尽瘁,在一日办一日之事。常言说'谋事在人,成事在天',我听上帝的安排。"苏载华说:"你我兄弟相交三十年,至今弟之心,还是如此坚固,真不愧上帝之子。天地间之事,只要有一恒字,铁棒也能磨成绣花针。故曰:'有志者事竟成。'"①

段正元一行在武昌待了一段时间,住黄龙寺,在寺内整理在川办伦礼会及人伦道德研究会时的各种讲稿,编成"圣道丛书"十八册。后来段正元觉得武昌不是大道发源地,遂决定到下江一带寻找办道机会。

1915年3月,他们从武汉启程,乘船到南京。段正元觉得在南京无所作为,要弘扬大道,还是要到北京去。第二天他对杨献廷说明,非到北京不可,杨献廷说我们既已到此,不如顺便到上海、杭州一游,再去北京。段正元表示同意。

由上海乘船到天津后,他们住在估衣街中舟眼镜庄。段正元让弟子们留在天津,他独自一人乘火车进京,先寓居法源寺。

这时,民国虽已成立,但国家政治没有能走上正轨,执政者各怀私心,争权夺利,局面混乱。段正元虽怀抱治国安邦之道,欲求德政合一,但在京居住数月,无甚作为,遂于七月初返回天津,仍旧住估衣街中舟眼镜庄。他召集大家说:"此回出门,道骗了我,我骗了汝等,今汝等各自谋生可也。"杨献廷于是在天津与人合伙做买卖。②

1915年7月15日,段正元只身回京。

到了夏历十月二十八日(《丁丑法语》说二十五日),段正元身上已是一文不名,连小米粥也喝不上了。时将近午,忽有一温文尔雅的儒生来访,自言姓陈,

---

①《苏载华论相》,选自《师道全书》卷四,道德学会总会1944年版,第82页。
②《师尊历史》,北京道德学社1941年版,第31页。

名景南,字尧初,由罗景湘介绍而来。段正元知是办道有缘人到了。

陈景南(1872—1952),字尧初,河南光山人。父母早丧,由兄嫂抚养成人。少时勤奋好学,清末时考中秀才,废除科举后考上河南师范学堂公费生。毕业后官费留学日本,进入早稻田大学,留日八年。在日本期间,结识了黄兴、宋教仁、孙中山,并参加了早期同盟会,回国后曾于1912年任南京临时参议院议员、北京临时参议院议员,后又当选国会众议院议员,同时亦是《民权报》总编。[1] 1912年8月,中国同盟会等在北京改组为国民党,陈景南任国民党总务部干事。他还曾参加统一共和党。

陈景南对袁世凯阴谋复辟帝制深感不满,对军阀割据,国事混乱甚为忧心,对官场中勾心斗角,尔虞我诈深表厌恶,又有感于当时社会风气凋敝、道德沦丧,因而产生出世之念,常到各寺庙游玩,以结识有道之士,学仙访道。

陈景南拜见段正元,最初本为学道而来。

段正元告诉他:修炼长生之术并非难事,并以泥土能烧成茶杯为例,强调真正修道,要勤职业,修心术,办于世道人心、国家天下有益之事,立功于世,立德于人,至德乃能凝至道。[2]

陈景南听了段正元这番话后非常欢喜,于是就请段正元出外用早餐,吃饭期间越谈越契合,遂请求拜门受业。

后来,段正元在《大道源流》一书里这样记录:

"我立地通知献廷,谓缘人来到,已有开道之机,可速同来。第三日,献廷由天津将孔子圣牌带来,尧初遂于冬月初五日,拜门执弟子礼,并租住扁担胡同观音庵房屋,挂起道德研究会招牌,为讲学传道之所。"[3] 陈景南拜门后,段正元赐给他道号"全三"。

---

[1]《民权报》以反袁世凯为宗旨,在1912年4月16日至5月1日半个月内,即以"胆大妄为之袁世凯"为题发表时评10篇,以"讨袁世凯"为题发表论文6篇,对袁世凯践踏民主、破坏约法、推行专制的行为进行抨击,主张通过选举罢免袁世凯。宋教仁被刺案发生后,该报极力拥护孙中山武力讨袁的主张。二次革命失败后,受到当局迫害,于1914年1月21日停刊。

[2]《大道源流》,北京大成印书社1939年版,第5页。

[3]《大道源流》,北京大成印书社1939年版,第5-6页。

第二节　北京道德学社成立

1915年12月，在筹安会、民众请愿团和各省国民代表的拥戴下，袁世凯经多次揖让，最终接受皇帝尊号，建立中华帝国，以1916年为洪宪元年，行君主立宪政体，把总统府改为新华宫。然而，孙中山、梁启超等人坚决反对帝制，北洋将领段祺瑞、冯国璋等也深为不满，段祺瑞致电袁世凯："恢复国会，退位自全。"12月25日，蔡锷、唐继尧等在云南宣布起义，发动护国战争，讨伐袁世凯，贵州、广西相继响应。此时，北京城里也是阴云密布，袁世凯对反对力量极尽搜捕打击之能事。传说陈景南在一次会议上对袁世凯的倒行逆施深感愤怒，抓起砚台朝袁世凯掷去，惹下大祸，后由众人及门房掩护，才得以脱逃，因此上了袁世凯的黑名单。

陈景南来见段正元，叙述事情经过，准备去上海接办报纸。段正元告诉他：不必远去上海，可去天津暂避数日，还有三人来拜门，可共同办道。陈景南遵命去了天津，小住十余日，遂返京回道德研究会。"果不数日，有雷保康、应云从、范绍陵等三人，亦经景湘介绍，前来入道。"①

雷保康，名寿荣，湖北人，曾留学日本陆军士官学校，在军政界颇有影响力。段正元对雷保康说："你是负责办道之人，好自为之。"②

范绍陵，亦名熙绩，湖北黄陂人，日本陆军士官学校第5期毕业，加入同盟会，1913年任大总统府咨议官。

应云从，军政界人士。以后资料中亦未见此人出现。

此四人来到，由此有志者日聚，弟子日多，为北京道德学社的成立奠定了基础。

在筹备道德学社期间，段正元颇感经费不足。在《黄中法语》里他说：

"丙辰年春，我在扁担胡同讲道，此时手中经济非常困难，有一弟子入门未及一月，见此情形，向我云要出资维持。我知其人，不是缘人，是因缘中人，故未与深谈。后又再三言说，一定要维持，我乃对伊云：'你有真心维持，固是载道之器。况我此时经济困难，正欲得人维持方能进行。但我与你说明，你与我是因

---

①《师尊历史》，北京道德学社1941年版，第33页。
②《师尊历史》，北京道德学社1941年版，第33页。

缘关系,你将来另有缘人,恐不能与我终局办道,故不受你维持,恐不能报答你也。'伊云:'我出自诚心,弟子维持师,同心办道,岂有望报之理?我志愿已定,百折不回,看先生要多少钱方好进行,我即拿出。我信先生道是真,岂外人言语所能动摇?'此时,我据人情方面想,彼既有至诚,或者由因缘而转入缘人,亦未可知,乃复对伊云:'你不要维持我,你维持道。'伊云:'先生办道,道即先生。维持道,维持先生,总是一样,只听先生吩谕,看用几多钱?'我云:'数目由你诚心,我不定额。'伊云:'此时就便,先拿一千元,看够不够用?'我云:'有此千元,吾道足以推行。但你有诚心,我还再明白告你,我总觉你另有道缘。'伊云:'先生不必多疑,决无二心。'我云:'既你知此决心,总望你一心无二,同归极乐。你可在圣贤位前烧一通告文,我与你作个保证。'伊遵吾言而行之。后至八月,果然遇一讲假道者,说数月能成神仙,伊竟从而学之,从此与吾渐疏。"[1]

由此可见,段正元很重视志同道合,绝不为经费而勉为其难。后来对筹办北京道德学社经费支持最大的是萧汉杰。萧汉杰,河南汝南人,1916年时任塞外多伦镇守使,但身体羸弱。由同乡友人处得知北京有段正元者,如何如何,心向往之。萧汉杰本来有心为善,苦于无从下手。又知友人已拜段正元为师,跟段正元学道,就求其代为介绍,并即汇百元,为入道贽见礼。段正元告诉介绍人,其人元气不足,恐其命短。介绍人问能否挽救。段正元说如果回京一心学道,亦未始不可转危为安。萧汉杰得知后即来京拜师。这时,各部要人正在发起成立道德学社。萧汉杰当即表示以道为己任,愿意出资数千元作为办道德学社之用。

经费初步解决后,弟子日渐增多,此时扁担胡同已显得屋小地窄,需要另外找更宽敞的地方作为正式成立道德学社之用。

几天后,有任军警的弟子报告:"西单有一处房子,约二三十间,地理条件也好,只是有些忌讳,恐不适用。"段正元问缘故,弟子答道:"那屋原先是前清刑场,因而常常闹鬼,无人敢住,乃是北京四大凶宅之一,故房主愿廉价出售或出租。"

段正元笑道:"道德乃天地之正气。邪不压正。凶宅何惧之有?

---

[1]《黄中法语》,选自《师道全书》卷十三,道德学会总会1944年版,第66页。

于是很快办理了租赁手续,并派人打扫和修理房屋。待一切准备就绪,择日举行祭鬼仪式。

当日,段正元与诸弟子沐浴更衣,亲临主祭,其气氛庄严肃穆,由陈尧初读祭鬼文。祭奠完毕即将至圣牌位请到西单头条胡同六号安置,并加紧各项准备工作。拟定道德学社之宗旨为:

阐扬孔子大道

实行人道贞义

提倡世界大同

希望天下太平

其教育大纲如下:

爱恩必报　有过贞改

诸恶不作　明善实行

福至心灵　从容中道

不分种族、不分国界、不分教派,只要至诚向道,均可入社。

一切准备就绪,乃于1916年腊月初八宣布成立北京道德学社。北京道德学社由参谋总长王士珍、内务总长孙洪伊、步兵统领江宇澄、警察总监吴炳湘、外交官唐豸等各部要人、国会议员等发起成立,以西单牌楼头条胡同六号为社址,公推王士珍为社长,聘请段正元为社师,雷保康为总干事。开社之日,段正元当众演说,指出:"道德为天地之元气,在人身为福气。有大福气之人,自能顶天立地,扭转乾坤。道德学社成立,即为天地元阳所荟萃,亦见各社员福命之洪大。"[①]后来,他又阐明道德学社之学说宗旨为"发挥三教合源、万教归儒之奥义,实行人道,缔造大同,使天下一家,中国一人,成太平极乐世界"[②],并提出道德学社的责任有三:一是体上天好生之德,救正人心,挽回气数;二是体古圣先贤、群仙诸佛救人济世之苦心,代完其未了之志愿;三是为造作恶因,永堕地狱之幽魂怨鬼超度解脱。[③]显示出浓厚的宗教特征。

1917年1月21日由北京道德学社出版发行的《道德学志》第一册记载了北

---

① 《大道源流》,北京大成书社1939年版,第6-7页。
② 《道德学志》,选自《师道全书》卷六,道德学会总会1944年版,第10页。
③ 《道德学志》,选自《师道全书》卷六,道德学会总会1944年版,第10-11页。

第三章 北京道德学社

京道德学社成立时的实况,摘录如下:

本社在北京西单牌楼头条胡同举行开幕式,来宾有各教会首领暨中外硕学巨子,约二百余人,先由招待员引导,参观大礼堂、讲堂、印刷所、阅书室及各教经典图书陈列所。午后一时,齐聚礼堂。总干事雷寿荣报告开社。由王社长士珍率社员向圣位行三鞠躬礼,继向社师段正元先生、学长杨三生先生行礼,复由雷总干事率社员向社长行礼毕,王社长宣布本社宗旨,略谓今天本社开社,蒙诸位来宾光临,不胜荣幸之至,鄙人不学无德,自问对于道德学问每多缺憾之处,同人等推鄙人为社员首领,实不敢当。唯对于道德学社,极愿与同人共同砥砺。我国现在人心败坏,世道衰微,徒以势力整饬之,彼伏此起,必然无救,甚或愈求整饬而愈败坏。欲使不驱于败坏之途,舍讲求道德而外,尚有他哉?但道德二字,非供诸空谈,必须躬行实践,方为真正讲求道德,但躬行实践,甚非易事。鄙人若有错处,务望同人随时指责,使我学社之中,多一个实行道德之人,即是为国家增一个好人,将来推及全国,人人实行道德,能造一个完全良好的国家,愿同人对于躬行实践四字,格外勉励。

《道德学志》第一册还记录了段正元当天发表演讲的摘要:

"天有元气,四时八节风调雨顺国泰民安;人有道德可以希贤希圣希天,故能顶天立地。即以人间之富贵而论,大道生财,大德受命,故大德必得其位,必得其禄,必得其名,必得其寿。现社长及诸君发起道德学社,赞成道德,维持道德,辱荣不弃,推元居此师位,元自问日在过中,道有未明,德有未备,愧何敢当?不过集众思、广众益研究道德,互相劝勉,圣者云:'君子修其身而天下平。'愿与诸君共勉之。"

学长杨三生(献廷)、来宾赵炳麟均作了演说。

学社在成立之初由发起人公推社长一人主持社务;总干事一人,负理全责;干事六人,分任会计、庶务、文牍、编辑、交际、图书各项事务;聘请社师一人,主讲道德。社内共分六礼,每礼有办事员二人或数人承办其事。所有人员的伙食零用自费。自愿入社的,无论何国何种、何教何派,必须由社员二人以上介绍。对于已经入社的,必须遵守"永不嫖赌浪饮""永不阴谋压迫""永不自欺欺人"等戒规。①

---

①《道德学社访问记》,上海大成书社1938年版,第3页。

《道德学志》第一册所载道德学社成员名单如下：

名誉社长　江朝宗（即江宇澄）

名誉学长　张炳桢

名誉干事　李　纯　赵　倜　孙　武　吴炳湘　蒋作宾　付良佐　陈文远

社　　长　王士珍

社　　师　段正元

学　　长　杨三生（献廷）

编辑主任　陈景南（尧初）

编 辑 员　熊一弼　吴之干　罗迪楚　唐豸　檀玑　唐佑华

编辑书记　刘明光　刘延年　熊　斌　程守光

总 干 事　雷寿荣（保康）

总 务 员　汪秉乾　潘祖培

文牍干事　姚济苍

交际干事　应龙翔

会计干事　夏占奎

庶务干事　范熙绩

交际员、会计员、庶务员（略）

这个时候，袁世凯已经死了，黎元洪继任成为大总统，段祺瑞担任国务总理。黎元洪本人尊崇道德，严复曾经评价黎元洪说："黎公道德，天下所信。"他听说西单有道德学社，社师段正元出身草野，仅读半部《论语》，居然办出偌大事业，使文人学士、武将高官聆听其教诲，心甚敬佩，就挥笔亲书"天下归仁"四个大字，制成一巨匾赠予道德学社，并撰对联一副：

偃武欲韬三百甲

论今先阐五千言

冯国璋任代理总统时也赠道德学社精致木刻对联一副：

精修永断三生业

无极真为万物宗

1919年，徐世昌任大总统时亦赠巨匾一块，上书四个大字：

群萌度矩

这些达官显要的支持使道德学社逐渐步入鼎盛期。

道德学社成立后,段正元为学社社员立了"学道办道志愿十八则":

1. 言不自欺,行不自是,道不自私。

2. 尊师重道,性命双修,以立功立德为主,卫生养生为辅。

3. 学谦谦君子,温良恭俭让,逆来顺受,委曲求全,毋自暴自弃。

4. 言行动静,不矜奇,不好异,凡事下学上达,踏实认真。

5. 敬鬼神以德,不谄媚求福。信之于理,不信之于痴。

6. 实行真贞三纲、五伦、八德,有过立改,明善实行。

7. 抛弃我见,泯嫉妒心。生今之世,成今之人仁,普渡有缘。

8. 戒除贪嗔痴爱,自然克己复礼,天下归仁。

9. 以尧、舜、禹、汤、文、武、周公、孔、孟各圣者之学问问学,为人处世。

10. 以释、老、耶、回各教圣贤之仁慈,栽培心上地,涵养性中天。

11. 凡作一事,必先立终,而后始行,不求有功,只期无过。

12. 凡立一法,必期一时可行,推之天下万世无流弊。

13. 在尘出尘,和光混俗。入世出世,素位而行。

14. 爱身,爱家,爱国,爱天下,爱人,爱物,爱众,亲仁。

15. 实行人道本元,相亲相爱,相扶持,以天下为家乐。

16. 用大圆智慧,物来毕照,成己成人而成道。

17. 学君子居易俟命,尽人事合天道,天人合一。

18. 仁能弘道,使天下太平,世界大同,个个安居乐业,人人享真贞道德自由平等之福幸。[①]

学社成立之后,每月日常费用就成为一个最大问题。当时社长王士珍及其他要人为办社经费谋虑,曾向段正元提议向政府提出申请,由国家拨款补助;或由政府聘段正元为高级顾问,以得到补助来维持个人生活与道德学社日常事务;或找人捐款,以作基金。这些想法都被段正元否决。

学社礼堂有师道堂、归元堂、中和堂、大礼堂、元仁堂、永新堂、祷告堂、大学堂、北辰宫、极乐天、先灵祠、元仁祠。凡在社工作者全是尽义务,心甘情愿,工作中勤勤恳恳,同学之间谦恭和让。学员工作之余可去讲习所听课。

---

① 《道德浅言》,选自《师道全书》卷六,道德学会总会 1944 年版,第 54 页。

道德学社成立后，每星期由社师段正元公开演讲，社员听讲记录，随后互相研究。具体演讲主题如修身、三纲五伦、八德十义、大道与俗情、内圣与外王、天道与人事、君子与小人的区别，贞真假、假真贞、因缘与元音种种关系等等，既有儒家经典义理，又密切联系人们日常生活实际。

道德学社成立后，又有民国官员赵炳麟、海军次长刘六节陆续拜门。学社规模日益壮大，在京影响也与日俱增。弟子们把段正元的演讲记录进行编辑，出《道德学志》八十一册、《道德浅言》十二册、《敏求知己》三册，以及《一礼法言》《一心法言》《万教丹经》《道德和平》《无为心法》诸书。①

后来，社会上出现反宗教思潮，1922年3月21日，非宗教大同盟在北京成立并发表宣言及第一次通电。宣言的要点有以下几条：一、人类是进化的，而宗教主创世，故宗教反科学。二、人类爱自由平等，而宗教束缚思想，摧残个性，崇拜偶像，主乎一尊，党同伐异，挑起战争；人类好生乐善，而宗教诱之以天堂，惧之以地狱，故宗教反人性，反人道主义。三、中国历来少受宗教之害，但近年基督教入侵，利用学校、青年会、名人演讲、体育会、茶会、年会、津贴、英文活动等方式，倾全力煽惑青年学生，毒害空前，令人忍无可忍。四、非宗教大同盟的宗旨是扫除宗教之毒害，不分党派，不分种族、国家、男女、老幼，凡不迷信宗教或欲扫除宗教之毒害者皆为本同盟之同志。宣言与第一次通电发出后，各地学生团体闻风而动，率先成立的反宗教组织有北京高师反宗教同盟、保定直隶高师全体学生反宗教教团以及长沙、太原、广东、南京等反宗教同盟会六十多个。许多名人教授，如胡汉民、汪精卫、吴稚晖、蔡元培、陈独秀、胡适、丁文江、陶孟和、余家菊、陈启天等，皆发表言论，大多反对宗教，或对基督教表示不满。②1928年，段正元和弟子们为了宣传自己的主张，在政府备案后，自1928年8月至1929年7月，共出《文化革新导言》十二期。该刊以"研究中国固有文化，融合新旧学理，揭发一切腐败及各种虚伪弊害，促成三民主义之实现"为宗旨，主要刊载国内外重大的政治新闻，栏目包括"论著""专载""文艺""国际要闻辑览""新法令金载"等。"论著"一栏主要刊载有关中国传统文化和一些国际问题的研究，代表性文

---

① 《道德学社访问记》，上海大成书社1938年版，第10页。
② 唐逸：《五四时代的宗教思潮及其现代意义》，《战略与管理》，1997年第2期，第99页。

章如《国家问题之根本研究》《人道主义诠真》等;"专载"一栏专刊关于中国旧有道德的论述,代表性文章如《四爱新语》。

1931年6月3日,国民政府因道德学社"内容荒诞悖谬,足以淆乱社会思想"[①],通令解散,以消除隐患。北京道德学社遂一度停止活动。1933年冬天,创办《中和日报》,每天出两大张,内容为内圣外王、修齐治平、身心性命等儒家道德学说。[②]1934年2月19日,蒋介石在南昌行营扩大总理纪念周上讲演《新生活运动之要义》,发起新生活运动,提出要以孔孟的"四维"(礼义廉耻)、"八德(忠孝仁爱信义和平)为道德标准,同时吸取近代资本主义国家的公共道德和社会生活方面的精神文明,以整肃国民日常生活,改良社会风气。2月21日,南昌新生活运动促进会成立。2月23日,蒋介石在南昌再次发表讲演,主张从改造国民的"食衣住行"等日常生活入手,以"整齐、清洁、简单、朴素、迅速、确实"为具体标准,使"国民生活军事化、生产化、艺术化","改造社会、复兴国家"。其后,蒋多次演讲,希望把"新生活运动"推向全国。接着,国民党下令党部及各社会团体悬挂"忠孝仁爱信义和平"牌匾,政治教育部宣布以"忠孝仁爱信义和平"为小学公民训练标准,并以孔子诞辰为"国家纪念日",在全国掀起尊孔读经的热潮。在这种背景下,社会上又兴起了国学热、传统文化热,道德学社又寻求重新备案。学社贺愚忱等人直接上书蒋介石,同时取得北京、太原等地军政要人的支持,道德学社又得以重新活动。

第三节 段正元在京讲学传道

北京道德学社成立后,段正元开始讲学传道,不同于正规教育机构有固定的学校、教师和管理人员、课程体系、教学计划等,道德学社没有固定学生,没有固定教材,没有学习年限,没有毕业文凭,类似于宗教布道,听众以其弟子为主,也对外开放,任何一个人都可以经道德学社成员介绍来听讲。

---

①北京市档案馆档案:北平市政府关于解散道德学社的训令及公安局、社会局的呈文。
②《道德学社访问记》,上海大成书社1938年版,第10-11页。

1918年冬至，段正元为弟子说"三我"大法，后由弟子整理出《三我》一书。什么是"三我"？段正元说："头个我是假我，二个我是真我，三个我是真我中之真我。质而言之，头个我是凡躯，二个我是灵魂，三个我是真性。若推进一层说，头个我是四大和合，二个我是太极，三个我是无极，乃万物公共而一体者。人要找着万物公共一体之我，方为大我。这个大我，天崩我不崩，地裂我不裂。"[1]"三个我"从何而来？他说："假我从父母精血而成，真我从天地开辟，变化种子而来，万物公共之大我，是从无始而有，自有永有，为之妙有。即太上所谓先天地而生，后天地而不老，无以名之，强名之曰道。"[2]而他说的"三我"则往往是指第三个我，即真我中之真我。这个"三我"又有许多别名："真贞我""万物公共一体之我""大我"。"三我"也就是所谓的"道"。"段夫子不称之为'道'，而名之为'三我'，无非使人知道极虚无的却又极实在，极神妙的却又极平常，近在吾身，人人可以找得着的。"[3]

德国著名汉学家卫礼贤（Richard Wilhelm，1873—1930）对"三我"有通俗的解读：

第一个自我是"非我"，第二个是"真我"，第三个是"真我"之中的"圣我"。……第一个自我是肉体，第二个是精神，第三个是灵魂。或更确切地说，第一个自我是水、土、火、空气四种物质组成的混合物，第二个自我是初始，第三个自我是所有动物都共同具有的与生俱来的超脱凡世的理想。当人类发现所有生物的最本质的自我皆相同时，他就成为伟大的自我。据说伟大自我将会是：苍穹会消逝而我则永不逝去，地球会被毁灭而我则永不消亡。关于自我，最高的神说道："先存有我的精神，然后天堂才存在。"释迦牟尼因为能够宣讲"圣我"的教义，所以他成为神和人的老师。孔子凭借"圣我"来讲述自己的教诲，他因此而成为数代人仿效的圣人和典范。如果一位寻求真理的人未能发现"圣我"，那么他将终生一无所获。如果一个人真正关心自我拯救，他就必须尽力去发现和理解"圣我"。

世界历史上一些所谓的英雄和伟大的政治家，无论多么功勋卓著，甚至即使誉满全球，都未能超越"非我"，理解"真我"。各种宗教的忠实信徒和支持者

---

[1]《三我》，选自《师道全书》卷七，道德学会总会1944年版，第6页。
[2]《三我》，选自《师道全书》卷七，道德学会总会1944年版，第6页。
[3]《段夫子》，杭州道德学社1947年版，第13页。

们都的的确确承认"真我"存在,但都不能完整地理解"真我"之内无所不包的"圣我",这些圣人尚未达到这样境界,即自称自己是如此之大,任何东西不可包住他们,而自己又是如此之小,任何东西都不可分割他们。如果这个天、地无所不包的"圣我"连圣人都不可企及,那么何处可以找寻到它呢?孔圣人说:"为政以德,譬如北辰,居其所而众星共之。"这颗为众星所环绕的北极星即是长存不息的"圣我",它既无为又无所不为,它即是全世界人类的主宰。①

1919年11月,段正元讲"一心法言"。"同仁明得一心。人果一心,与天一心,天佑之。与亲一心,亲爱之。与师一心,师教之、成之、保之。"②他把"一心"分十二目:一知心,二问心,三守心,四放心,五存心,六养心,七诚心,八炼心,九得心,十有为心,十一无为心,十二志心皈命。并特别强调:"人如有二心,终身不能做好人,成大事。譬如女人有二心,即不能从一而终;朋友有二心,则不能交久而敬;家人有二心,则家必败;君臣有二心,则国必乱亡。推之至于百工技艺,凡有二心,则所学皆不成。""我们讲道德,讲内圣外王之学,成己成物,全在一心无二。"③自古忠臣孝子、义夫节妇,都是无二心之人。他举例说岳飞的精忠报国,关羽的义不降曹,都是一心不二的表现,所以他们成为为英雄中的圣贤。还以孔门弟子曾子、子贡的事迹说明一心对于人修养的重要性。总之,一心即是道心,道心即是成真作圣之心,人人本来所固有,只将后天贪嗔痴爱之人心克去即是一心。"当今如果能够中外同归一心,虽种族之说,无国界之分,非礼勿视,非礼勿听,非礼勿言,非礼勿动,皆是一心皈命礼,万邦共和,相亲相爱,真文明大同极乐世界,人人皆享道德幸福,天下不期而自然太平。"④后来弟子们据此整理出《一心法言》一书。

1920年正月段正元讲"一礼法言"。他认为新文化运动以来,礼崩乐坏,人伦淆乱,下凌上替,纲纪荡然。礼乐废弃就是大道废弃,大道废弃就使人们上无道揆,下无法守,丧失天良,乱象丛生。要实行道德,先要行礼。因为,"身无礼,则身不修;家无礼,则家不齐;国无礼,则国不治;天下无礼,则天下不太平。故

---

① [德]卫礼贤著,王宇洁等译,《中国心灵》,国际文化出版公司1998年版,第238-239页。
② 《一心法言》,选自《师道全书》卷九,道德学会总会1944年版,第50页。
③ 《一心法言》,选自《师道全书》卷九,道德学会总会1944年版,第51-52页。
④ 《一心法言》,选自《师道全书》卷九,道德学会总会1944年版,第80页。

至圣教人非礼勿视,非礼勿听,非礼勿言,非礼勿动"[1]。段正元回忆了在成都设"伦礼会",后更名"人伦道德研究会",行大成礼拜的经历。又回忆到北京设道德学社,社中事务,一开始是分股担任,1919年冬天把各个办事"股"正命为"礼",以表示"礼者,履也",目的是使各个办事机构踏实认真,负责尽职。[2]为什么这么重视礼?因为"礼是道之发皇,无礼道不明,无道礼不行"[3]。段正元在孔子"非礼勿视,非礼勿听,非礼勿言,非礼勿动"的基础上加上了"有礼则行,有礼则住,有礼则坐,有礼则卧"四句[4],强调修持人行住坐卧都不能离开礼。"礼字是人良心之主人翁,找着礼即知本来面目,失礼则失人格,为禽兽。礼是人之至宝,为万世太平所永赖。"[5]对于"礼"与"理"的关系,段正元认为:"礼与理,如仁与人。孟子曰:'仁也者,人也,合而言之,道也。'由仁生人,由礼生理,故亦曰礼也者,理也,合而言之,道也。""礼与理,又可谓为大礼小理,一为体,一为用。"[6]也就是说,理出于礼,礼为体,理为用,合而言之乃是"道"。

1920年3月13日起段正元讲"万教丹经",他讲万教归一的丹经,性命双修、道法并行的方法,如何可以却病延年,如何可以成真作圣。其实就是儒家性命之学。段正元指出:"真讲修持,要先将贪嗔痴爱扫除净尽。如何能扫除净尽?人心如猿猴,必要找个桩子,把他拴住,故旁门虽不可与言道,然苟能用之于正,亦可借以收心。用之不正,即遇神仙亦无成就。"[7]他对儒家性命之学多有挖掘和发挥,指出修持的关键,是要找着"仁"。过去修持之人常讲玄关窍。相传被全真教奉为正阳祖师的钟离权说过:"道法三千六百门,人人各执一苗根。要知些子玄关窍,不在三千六百门。"段正元认为,玄关窍不在三千六百门之中,是灵魂的居所,其中有仁。此仁即为性,即是性中之仁,也就是孔子说的"未见蹈仁而死"之仁。"仁"是孔门的思想核心,也是入门修炼之关键,段正元提出修炼就要在自己生命中找良心,仁是人良心的主人翁,找着良心,就能找着仁,就能登

---

[1]《一礼法言》,选自《师道全书》卷十,道德学会总会1944年版,第1页。
[2]《大道源流》,大成印书社1939年版,第10页。
[3]《一礼法言》,选自《师道全书》卷十,道德学会总会1944年版,第3页。
[4]《一礼法言》,选自《师道全书》卷十,道德学会总会1944年版,第4页。
[5]《一礼法言》,选自《师道全书》卷十,道德学会总会1944年版,第5页。
[6]《一礼法言》,选自《师道全书》卷十,道德学会总会1944年版,第8页。
[7]《万教丹经》,选自《师道全书》卷十,道德学会总会1994年版,第18页。

堂入室。这其实与孟子的"尽心知性""存心养性"一脉相承,而又吸收了道教的具体修养方法。他阐明自己讲"万教丹经"的意义和目的:"当今否极泰来,我能讲'万教丹经',是顺天应人,挽回世道,救正人心。真明'万教丹经',一言一行一笑,处处是实行道德。道德是我们的父母,又是我们的福禄,即是我们性命的根本。要修养保全,不外实行实德,内外合一,道法并行。我平生无他特长,不过言行一秉良心,故能大公无私,各处办事,不用公家钱,自来办道之款,皆门人明道后所维持,故毫无权利之争。……此书发送之由有三:一为学社中有功苦勤劳者,知过改,知善为,知礼行,消除历劫冤愆,超九玄,拔七祖,福至心灵;二补学社之元气,为天地立心,万物立命,中外开太平,保全国家人民生命财产,安宁秩序,老安、友信、少怀;三为天下人无竞争,无国界,无种族,相亲相爱,享道德文明大同极乐幸福。"①后来弟子们整理出《万教丹经》一书。

1920年7月1日开始讲"大同元音"。大同社会是中华民族几千年来孜孜以求的理想社会,段正元结合现代社会的发展,对"大同"做了独特的阐释。他说:"大而不同者非大也,同而不大者非同也。同能大者真同也,大能同者真大也。是故曰大同也者,天下为一人,故曰大;万国为一家,故曰同。是以如是者,真大同天下也。……故大同者,万国共和之天下也。"②"大同,大字一人,同字一口。一人开口,外户不闭,万邦协和,含天下一家,中国一人之义。"③"大同就是不争权夺利,大公无私,实行道德仁政。"④他认为,在位者能否实行道德,是大同政治能否实现的关键,如果在位者实行道德,就可以像孔子所说的"为政以德","政者,正也","德风德草",上行下效,天下大治。段正元甚至认为在位者知道德,真行道德,不但天下立地太平,并可成大同极乐世界。⑤"真讲大同,无种族、国界、教派、党羽之说,同归一道。无私心,无嫉妒,仁心仁政安天下。真行道德,自然平天下。"⑥这是希望当政者能够明白实行道德是大同极乐世界的必由之路,在位者实行道德,才能走向世界大同。为什么?他继续说:"因道德为天地

---

① 《万教丹经》,选自《师道全书》卷十,道德学会总会1944年版,第41页。
② 《大同元音》,选自《师道全书》卷十一,道德学会总会1944年版,第1页。
③ 《大同元音》,选自《师道全书》卷十一,道德学会总会1944年版,第7页。
④ 《大同元音》,选自《师道全书》卷十一,道德学会总会1944年版,第16页。
⑤ 《大同元音》,选自《师道全书》卷十一,道德学会总会1944年版,第9页。
⑥ 《大同元音》,选自《师道全书》卷十一,道德学会总会1944年版,第10页。

之元气,在人为福气。一人有福,满门福禄。天下有一人有福,天下太平。故曰一人有庆,兆民赖之。"①"惟道德是生天地的元气、人物之主宰、治国平天下之至宝,成大同世界之根基,人民共享之幸福。"②道德为天地的元气、人物的主宰、治国平天下的至宝,是大同世界的根基。后来弟子们整理出《大同元音》一书。

1920年9月开乐教法门,说法十日,成《乐教》一书。什么是"乐教"？段正元说:"浅言之,即是君子自重,君子自爱,君子自强,一乐也;有恻隐心,有羞恶心,成己成人心,二乐也;更求其次者,有沽名的心,知过能改心,知善强为心,三乐也。"③那么"乐教如何行？即是行礼仪。礼仪如何行？必要有心得。如何有心得？必要知三我。三我如何知？必须通天地人之真儒"④。这是乐教实行的方法。乐教实行"首在伦常。人只恐伦常不能完全,对父母不能尽孝,对妻子不能善教,对兄弟不能友爱,对朋友不能信实,为臣不能以忠事君,为君不能以礼使臣"⑤。段正元强调:"今日始讲乐教,无非教人明真道。""明真道,则同于道者,道亦乐。同于德者,德亦乐。同于失者,失亦乐。"⑥"真能明道,凡事以乐为主,生死得失,都能置之度外,自现一种太和气象。"⑦乐教如果能够实行,终极目标是世界由文明进大同,由大同归极乐。值得说明的是,这里的"乐教"不是传统儒家六经之教中的"乐教",前"乐教"之"乐"读为 lè,快乐之乐;后"乐教"之"乐"读为 yuè,礼乐之乐。当然,二者之间也有密切联系。

1921年段正元讲"道德和平"。针对民国初年中国政局混乱,社会动荡不安的情况,段正元特别讲演五日。弟子们在《道德和平·序》中概括这次演讲的要旨说:"盖言道德行,天下乃可以致和平,亦足见天下和平,舍道德别无其术。道德之和平,乃真正永久之和平。和者,共和,平者,平等,乃人类自然之幸福。道德在一人,则一人得和平之乐;道德在万国,则万国得和平之乐。今举天下乱极思治,果思真正永久之和平与？则道德不可以须臾离也。道德和平之义,备于

---

① 《大同元音》,选自《师道全书》卷十一,道德学会总会1944年版,第9页。
② 《大同元音》,选自《师道全书》卷十一,道德学会总会1944年版,第15页。
③ 《乐教》,选自《师道全书》卷九,道德学会总会1944年版,第3页。
④ 《乐教》,选自《师道全书》卷九,道德学会总会1944年版,第4页。
⑤ 《乐教》,选自《师道全书》卷九,道德学会总会1944年版,第7页。
⑥ 《乐教》,选自《师道全书》卷九,道德学会总会1944年版,第16页。
⑦ 《乐教》,选自《师道全书》卷九,道德学会总会1944年版,第16-17页。

此矣。"①在演讲中,他批评当时南北各逞己说,造成各省欲统一而不得,欲独立而不能的混乱、僵持的局面。执政者各怀一心,上下争权夺利,机谋诡诈,为个人权力,使千万人受苦,同种同胞,自相残杀,漫无了局。提出只有实行道德,才能天下和平。他还从不同方面提出了许多具体措施:裁无业之兵养成有用之士、废除国籍限制谋世界大同、安定民生首先统一货币、男女正位为人道根本、劳资调剂贵在互助、欲世界和平端赖文化、教育根本首在尊师重道,等等。②后来弟子们整理出《道德和平》一书。当然,这些措施有的不太切合实际,难以实行。

1922年11月13日起段正元开讲黄中之道,传黄中心法,后来弟子们记录编成《黄中通理》一书。在该书序中,弟子们说明段正元讲黄中的缘起:"师尊悯圣道之凌夷,继绝学之无忧。见今世界,民智日开,任意所为。言公理者,口是心非;著书立说者,纸上空谈;好事者,颠倒是非。以致天下国家无一定之实礼,今日一说,明日一行,民间苦痛,无有休止,变象频仍,莫衷一是,正是虚理作用,理驳千层无定数也。故特开生面,先讲黄中通理七日,打破一切想入非非之虚理、自恃聪明之巧言,使一时侥幸,终无美满结果者,知真正学问,以实礼为用,不为古人所愚、今人所惑,兼浚发同人本性,造成道德人材。"③该书凡例中说明《黄中通理》是对《周易·坤卦·文言》中"君子黄中通理,正位居体,美在其中,而畅于四支,发于事业,美之至也"一段经文的发挥:"《易经》黄中一段原文,为乾坤合撰之道,地天泰运之学。抉言之,即圣门性与天道。黄中即性与之真,为人本性。通理即是明道。正位居体,即是成道。美在其中,即与天道。畅于四支,即是乐道。发于事业,即是行道。美之至也,便为了道。"又强调"是书阐明圣道之贯,揭明孔子问礼之旨,故于言外有心法之传"④。什么是黄中?段正元说:"黄中在先天为无为真主宰,为天地公共之性、公共之仁,在后天说为人之灵机。"⑤学道就是找黄中:"我们学道,找着黄中,不但成道,成真作圣,代天行道,能够修齐治

---

① 《道德和平》,选自《师道全书》卷十一,道德学会总会1944年版,第42页。
② 《道德和平》,选自《师道全书》卷十一,道德学会总会1944年版,第46-58页。
③ 《黄中通理》,选自《师道全书》卷十二,道德学会总会1944年版,第54页。
④ 《黄中通理》,选自《师道全书》卷十二,道德学会总会1944年版,第54页。
⑤ 《黄中通理》,选自《师道全书》卷十二,道德学会总会1944年版,第58页。

平,还能旋乾转坤。真正道德仁义,就是这个法门。"①道德学社就是以黄中办事,段正元说:"如我们学社,数年以来,不尚灵异,不阐神奇,日用常行,躬亲人事,一时可以行,万世可以推,即是黄中通理的办法。这黄中办事,并非希(稀)奇,老老实实,不用聪明,天然性质。我本良心,即是黄中。由黄中办事,就能通理,什么情理都通得过去。"②黄中通理是实实在在的修养法门,段正元提出了具体的修炼纲要:

真通黄中必有四信:信道、自信、信师、信虚玄。

五诚一贯,百障全开:一至诚明,不自欺欺人;二至诚明,知无为真主宰、有为真主宰;三至诚明,分成身之道、了身之法;四至诚明,有先天性命、后天性命;五至诚明,知先天有道、后天有道。

四通通过,大道全通:一通过天地人物虚理之道,二通过富贵贫贱虚理之道,三通过酒色财气虚理之道,四通过诚意正心虚理之道。③

提出黄中心法十条:

一、知大道独一无二,无为无所不为之真主宰;

二、知克己复礼,天下归仁;

三、知智仁勇三位一体;

四、知允执其中,允执厥中,中天下而立,乐在其中;

五、知五行生克制化;

六、知笃信好学;

七、知有为顺无为;

八、知人生之元气、灵魂之始、大道之机、万物之体、圣神之灵五者之原,皆是黄中;

九、知天道人事一贯,身心性命一体;

十、知六合之内、六合之外有中。

以上十条,皆可受黄中心法者。有不能受心法者二十四条:

一、自作聪明,自以为是;

---

①《黄中通理》,选自《师道全书》卷十二,道德学会总会1944年版,第59页。
②《黄中通理》,选自《师道全书》卷十二,道德学会总会1944年版,第63页。
③《黄中通理》,选自《师道全书》卷十二,道德学会总会1944年版,第59—70页。

二、口是心非，道听途说；

三、空谈理想，不知以为知；

四、不以纲常伦纪为模范；

五、轻举妄动，大言不惭；

六、有始无终，能说不能行；

七、不成人之美，常存嫉妒心；

八、背亲向疏，钻营取巧；

九、不明真理，乱辩是非；

十、被古人所愚，今人所惑；

十一、道而无礼，先入为主；

十二、瞎忙无定，神昏气浊；

十三、宗旨无定，妄想便宜；

十四、不勤职业，不修心术；

十五、无廉无耻无知无识；

十六、以得为荣，以失为耻；

十七、以世俗之潮流为转移；

十八、破坏纲常伦纪，自用自专；

十九、毁谤圣贤，伤身害命；

二十、阴谋游滑，自欺欺人；

二十一、受恩不报，暴殄天物；

二十二、不知足，不顾廉，骄傲无谦；

二十三、不知生死，不知因果；

二十四、不知性命，不知灵魂。

以上二十四条，为不通条件，均不可以受黄中。①

黄中之义有四条：修身、齐家、治国、平天下。黄中通理，关键是一个"通"字，能够通得过，即是修身齐家治国平天下之道；反之，通不过，即不是修身齐家治国平天下之道。②其中修身为本，怎么修身？"说人话，存人心，办人事，即是修

---

①《黄中通理》，选自《师道全书》卷十三，道德学会总会1944年版，第1-15页。

②《黄中通理》，选自《师道全书》卷十三，道德学会总会1944年版，第39页。

身。如作文章,即照着行,就是修身。修身不是教人要严气正性、装模做样,实在是个道德家的样子。""人若修身,必须克己。克己以自己良心作主,不随情欲而行。人要作得了主,才可以修身。"①齐家就是要成为家中模范,处理好家庭中夫妇、父子、兄弟等伦理关系,在此基础上才能治国、平天下。

《黄中通理》的第二部又称为《黄中法语》。在《黄中法语缘引》中弟子们说:"吾师此次之法语,是由孝悌性分中流露真言。原系三日圆成其说,犹乾元三连也。恐弟子中有未听入,不能了解者,故又特讲两次,共成六课,犹如六画而成坤。坤以简能,乾以易知。易简而天下之理得矣。其苦口婆心,诲人不倦,希望天下太平,何等慈悲!"②六课是:黄中之法以孝悌为本,通达人情即是黄中,通达性命即通天道人事,修之于己乃能达之于人,用道与用术结果天渊,讲富强与礼让为国之效果。③

1923年秋段正元讲"师道职权"。他先讲师生各尽各道之法语,提到此前立的师道十格七真,并强调,世上有能符合以上资格的,才能为人师。所以,十格七真,小而是为现身,为师尊立法,大而为天下万世,为人师模范也。如不合十格七真,不但不可为师尊,并不可为人师也。盖师也者,模人之不模,范人之不范也。④段正元非常重视师道,他通过论证道、师的关系来说明尊师重道的理由,站在"道"的高度来阐发"道"与"师"。"道"生天地万物,主宰天地万物,因而天地万物也有师。人作为天地之间最为尊贵者,自然也是这样,"人无师不能成人"。⑤

他讲师道实行法语,说:"论师道职权,数千年来未实行过。如至圣当时三千徒众、七十贤人,师权犹难实行,因师道太高,本不容易明白。惟曾子笃信师道,故至圣对曾子能实行师权。一贯之道,惟曾子先受之。而对子路,欲行师权,子路不悦,所以儒家罕言师道,多言弟道。弟道真行,不行师道,而师道即在其中。"⑥并指出:"吾今日实行师道之职权,有秉受道德真阳之弟子,方可行此职

---

①《黄中通理》,选自《师道全书》卷十三,道德学会总会1944年版,第37-38页。
②《黄中法语》,选自《师道全书》卷十三,道德学会总会1944年版,第44页。
③《黄中法语》,选自《师道全书》卷十三,道德学会总会1944年版,第46-70页。
④《师道职权》,选自《师道全书》卷十四,道德学会总会1944年版,第2页。
⑤转引自韩星:《尊师重道立师道——段正元师道说发微》,《宜宾学院学报》,2014年第10期,第16页。
⑥《师道职权》,选自《师道全书》卷十四,道德学会总会1944年版,第12页。

权。其未秉受者,从今以后,善者作为良友,不善者作为路人。……今秉受道阳者,自然日新又新,福至心灵,重道自然尊师,尊师自然重道也。其言行之中,皆以道为己任,以师为模范。"①那么,他所说的"道德真阳"是什么?他解释说:"道德之真阳,非奇事也,即人之良心也。人有良心,不言道德,而道德在其中;不行道德,而道德在其中;不言尊师,自然尊师在其中。此即是道德之真阳作事也。"②可见,所谓道德真阳就是保持良心,并以良心为人处世。为在道德学社实行师道职权,段正元提出了三十六个具体条目来规范弟子们的言行举止,并逐条进行了解释。③

1923年10月,弟子们诚求段正元为他们第二次说法。从十月十八日开始,直至二十日止,计三日六次。说法结束后,弟子将笔记所得,印刷成册,并定名为《大同贞谛》。该书以三教经典——儒家经典《大学》《中庸》,道家《道德经》《太上感应篇》,佛教《华严经》,以及基督教、伊斯兰教经典为基础,阐释伦常纲纪,阐扬万教归儒。弟子们在《大同贞谛·义例》中说明段正元为"缔造大同之志,数十年惨淡经营,所历苦劳困饿,行为拂乱之境,不可胜数"④。段正元指出,大同贞谛为今日统一中国之善教仁政,作异日协和万邦之模范准绳。他说出大同贞谛只是希望当今掌握权势的真英雄,"发一念之诚,破除习见,开诚布公,放胆实行,则统一中国,协和万邦"⑤,易如反掌。此次说法,段正元说出了实行大同的贞谛:"在天不分诸天、诸地、诸圣、诸贤、诸仙、诸佛,同归一画;在地不分种族,不分国界,不分教派,朝野上下,同归一道。一切飞潜动植,胎暖湿化,凡有血气,相亲相爱,永享极乐之幸福。"⑥

段正元说法立法,希望弟子能言能行,万不可矜奇好异。所以他又列了十六个条目如下:

一、凡立法已定,虽有因时、因地、因人制宜之别,然万变不离乎宗。

二、立法先有益于己之身、心、性、命,推之天下人民皆有益。

---

① 《师道职权》,选自《师道全书》卷十四,道德学会总会1944年版,第7页。
② 《师道职权》,选自《师道全书》卷十四,道德学会总会1944年版,第7页。
③ 《师道职权》,选自《师道全书》卷十四,道德学会总会1944年版,第8—11页。
④ 《大同贞谛》,选自《师道全书》卷十六,道德学会总会1944年版,第2页。
⑤ 《大同贞谛》,选自《师道全书》卷十六,道德学会总会1944年版,第3页。
⑥ 《大同贞谛》,选自《师道全书》卷十六,道德学会总会1944年版,第11页。

三、凡立法之始，一时可行，必期万世无弊。

四、说法说明后天日用伦常之道，返还先天本来之性。

五、说出之法，真可以保国家之治安、人民之财产。

六、立法已定，看天象成否。天象成，再考人事合不合天道。

七、天时、地利、人和三者俱全，方可说大法。

八、真说法关系甚大，上天下地，闻者超升，得者成真。

九、说法如先天大道爱子定礼，真是惊天地，动鬼神。

十、说法时，圣贤仙佛，从中呵护，有为无为，相并而行，顽石亦要点头。

十一、说明后天之理，归先天之礼。凡事有一定不移之道路。

十二、此回说法，是上天之宏恩，假手于人，开天下万世太平。

十三、说上说下，说来说去，不如先由己之一身说起。

十四、后天六根六尘，不善中说出至善。

十五、后天贪、嗔、痴、爱，说出先天智、仁、勇之达德。

十六、现身说法，克己之躬行无亏，可以为天下后世法。诸天诸地，全球万国，莫不尊亲。

以上十六条，为成己成人之实学，诚身了身之真道，目的是开万世太平，使人民永享极乐幸福。[①]

在"处世为人己身实行之说法"中，他又提出了处世为人，实行实践的三十六条，并现身说法，教化弟子。

一、克己学善者谦让和平，学圣者温良恭俭。

二、知过必改，见善必为。

三、穷则独善，达则兼善。

四、知足常足，素位而行。

五、不贪天功，不擅己能。

六、知无为中有主宰，有为中有鬼神。

七、以鬼神为德，不谄媚求福。

八、先知天道，后尽人事。

[①]《大同贞谛》，选自《师道全书》卷十六，道德学会总会1944年版，第11页。

九、居易俟命,藏器待时。

十、动心忍性,顺天应人。

十一、不分中外,不辟诸教。

十二、不患无位,患所以立。

十三、不与人争论虚理是非。

十四、非真知己不谈天道。

十五、非明哲英雄不言人事。

十六、别无高人,独立不移。

十七、有真知己,服从之至。

十八、不欺己,不欺人。

十九、不怕人毁,怕自毁。

二十、无事办实事,事自然成。

二十一、不用非礼财,不办无益事。

二十二、凡圣贤仙佛言行,不知要求其知。

二十三、大圣人天智所定之实礼,维持不敢破坏。

二十四、凡事自强,先立一中正之道,期必能达到目的。

二十五、为人以孝弟自问,为师以弟子志愿存心自反。

二十六、为人师因材施教,不失言亦不失人,栽者培之。

二十七、视听言动,行住坐卧,不求有功,只期无过。

二十八、办事成功者,功归于天;未办成者,过归于己。

二十九、知时务明哲保身,守本分各尽其道。

三十、尊师重道,不自作聪明,如《诗》三百,思无邪。

三十一、有益世道之事,无一人办理,我委曲求全。

三十二、虽当仁不让于师,万不可叛师忘道。

三十三、知尧舜之道,孝弟为仁之本。

三十四、善怕人知其善真,恶怕人知其恶真。

三十五、人力赖天道,非天道不成。真成事者,人力胜天也。

三十六、凡好歹得失,罪归于己,无事不可了,无事不可成,无入而不自得。①

他立法三章作为大同正轨:

第一章:信、性。后天之信,信有不信。如能尽先天之性,不信亦信,故性者,信也,信者,性也。合而言之,道也。

第二章:人、仁。后天之人,人而不仁。如能还先天之仁,不仁而仁,故人者,仁也,仁者,人也。合而言之,道也。

第三章:真、贞。后天之真,真有不真。返还先天之贞,不真亦真,一贞永真,故君子贞而不谅。②

最后,他把"贞"字立为大同总纲。什么是"贞"?"贞"的观念源于儒经,《周易·乾卦·彖》说:"大哉乾元,万物资始,乃统天。云行雨施,品物流形……乾道变化,各正性命,保合大和,乃利贞。"《周易·乾卦·文言》说:"元者善之长也,亨者嘉之会也,利者义之和也,贞者事之干也。君子体仁足以长人,嘉会足以合礼,利物足以和义,贞固足以干事。君子行此四德者,故曰:乾,元、亨、利、贞。"《周易正义》:"'元,始也;亨,通也;利,和也;贞,正也。'言此卦之德,有纯阳之性,自然能以阳气始生万物,而得元始、亨通,能使物性和谐,各有其利,又能使物坚固贞正得终。"孔颖达《周易正义》引《子夏传》说:"元,始也;亨,通也;利,和也;贞,正也。"认为乾卦"四德"意味着以阳气始生万物,物生而通顺,能使万物和谐,并且坚固而得其终。《左传》襄公九年载:穆姜释随卦卦辞,读"元、亨、利、贞",以元为仁,亨为礼,利为义,贞为正,称为"四德"。北宋程颐《周易程氏传》将此四字解释为"元者,万物之始;亨者,万物之长;利者,万物之遂;贞者,万物之成",以元、亨、利、贞作为万物生长的四个阶段。朱熹则举例说:"梅蕊初生为元,开花为亨,结子为利,成熟为贞。生为元,长为亨,成而未全为利,成熟为贞。"元、亨、利、贞是生物生存发展的四个阶段,朱熹认为这就是事物的根本规律。"贞"还见于《论语·卫灵公》:"君子贞而不谅。"孔安国注:"贞,正……君子之人,正其道耳。""贞"一般训为"正",是端方正直,恪守正道的意思。段正元在传统儒家学说基础上把"贞"衍生为天地万物以及人生的正道,指出:"道无贞,不能生天地;天无贞,不能载日月星辰;地无贞,不能载山川草木;四时无贞,不能

---

①《大同贞谛》,选自《师道全书》卷十六,道德学会总会1944年版,第11—23页。
②《大同贞谛》,选自《师道全书》卷十六,道德学会总会1944年版,第31页。

春生夏长、秋敛冬藏；人无贞，不能知觉运动，五官百骸，都是虚假。贞之意义大矣哉！《易》之《系辞》曰：'吉凶者，贞胜者也。天地之道，贞观者也。日月之道，贞明者也。天下之动，贞夫一者也。'一即贞，贞即一。是故天得一以清，地得一以宁，神得一以灵，谷得一以盈，万物得一以生，王侯得一以为天下贞，其致一也。"[1]强调修道之人应把贞字看成至宝。无贞则道不成，有贞则大同成。段正元认为应该改真谛中的"真"字为"贞"字。所以，"大同贞谛，即真贞大同。真贞大同，天下无二，世界无双。有二则非贞，成贞必有祯祥。成德成事，即成大同。大同世界有什么难？即是一个贞，推之天下，顷刻成大同。真贞成大同有五：

一、各尽各人之职业，学大同也。

二、各守各人之本分，近大同也。

三、以天下为一家、中外为一人，成大同也。

四、亲亲仁民，仁民爱物，贞大同也。

五、国家君民，上下相亲相爱；男女老少，平等自由；乐大同也。"[2]

只有这样，才能创造天下一家、中国一人，君民上下相亲相爱，男女老少平等自由之大同理想世界。

要缔造大同世界，必须要寻着缔造大同的贞人来主持，而人格是贞人必具的要件。为此，段正元提出了缔造大同标准人格十八条：

一、无一切嗜好者。

二、安守本分，未犯上作乱者。

三、入孝、出弟、谨信、爱众、亲仁者。

四、贫而乐、富而好礼，素位而行者。

五、内能修身，外能守法，勤职业，修心术，不犯邪淫者。

六、明道以天下为一家、中国为一人者。

七、持家有道，克勤克俭，整饬内外，家人和顺者。

八、财以义取、以正用，丰约得宜，不损人利己者。

九、明大道之兴废，知稼穑之艰难者。

十、和而不流，群而不党，办事开诚布公，毫无妒忌心者。

---

[1]《大同贞谛》，选自《师道全书》卷十六，道德学会总会1944年版，第34页。
[2]《大同贞谛》，选自《师道全书》卷十六，道德学会总会1944年版，第36页。

十一、为政以德,使民以时,民之所好好之,民之所恶恶之者。

十二、言行一致,事事认真,不巧言敷衍,随波逐流者。

十三、道有师承,学问超群,又不自恃,凡事谦让和平,逆来顺受,委曲求全者。

十四、尚德崇礼者。

十五、自强不息,善尽人事,畏天命者。

十六、端教本识,新民亲民之效者。

十七、得时中之道,温故知新,不为古人所愚,今人所夺,凡有益于世道人心之事,无人知办,固独立承任,果有高明,又能虚怀服从者。

十八、以天下为己任,不居名位,不用非礼财,不贪天功,不擅己能者。[①]

在《大同贞谛》中段正元对在北京办道德学社十二年还做了总结性回忆:"吾自民元立社以来,迄今十有二载。我所讲之道德,非劝人为小善小惠之道德,非虚渺谈天之道德,非迂酸腐败之道德,非凭空理想之道德,乃是解决一切国内纷争、国际纷争,共享太平之道德。其所谓道德者,先由克己工夫,自己能说,自己能行。虽是教弟子,亦是教己。教己先以实德实行为归,己能实行,天下人自然能实行。吾自入道,对师盟下宏誓大愿,四十六年,如同一日,其中之讲义,门人编辑成书者,有数十种,并出《道德学志》八十一册,《道德浅言》十二册,其他零星小册,印行送人者,不知凡几。但现在梓行于世者,非吾之著作,是门人中所编辑者。"[②]

1924年春,段正元讲"笑道归元"。弟子们在后来整理成书的《笑道归元·序》中说:"篇中说己、说人、说智、说仁、说义、说对待、说孝弟,终说圆字,无非从浑然一元中,显出笑道之情,示人以归元之路。"[③]段正元在演讲中循循善诱,如春风化雨,听者心悦诚服。他在演讲中特别区分人智与仁智:"自恃聪明者,为人智,仁智是不自恃,生民以来,除几位大圣人外,大半是人智用事。"[④]并比较孔子与颜回,孔子是仁智,颜回是一半仁智,一半人智。"常言说要得仁不死,除非死个人。人心死,道心生,就是人智死,仁智生,一生永生,万古不朽。"[⑤]指出不

[①]《大同贞谛》,选自《师道全书》卷十六,道德学会总会1944年版,第46—52页。
[②]《大同贞谛》,选自《师道全书》卷十六,道德学会总会1944年版,第10页。
[③]《笑道归元》,选自《师道全书》卷十八,道德学会总会1944年版,第1页。
[④]《笑道归元》,选自《师道全书》卷十八,道德学会总会1944年版,第1—2页。
[⑤]《笑道归元》,选自《师道全书》卷十八,道德学会总会1944年版,第13页。

知天道不足讲人事;道德由仁义行,非行仁义;在尘出尘,无入而不自得;真贞为己实是成人之美;人事圆满即可归元;等等。

1924年秋段正元讲"敏求知己"。后来弟子们在《敏求知己·叙言》中说明这次说法是针对当时社会政治的。当时中国政局混乱,要共和不得,要专制不能,还不断酿出天灾人患,弄得民不聊生。一方面,求新者太新,废弃古圣贤立教之纲常伦纪,讲自由平等,但民国成立十三年了,仍自由不能,平等不得,朝野上下,无法收拾。为什么会这样呢？段正元认为是因为知新而不知旧。另一方面,守旧者固执,表面上虽重视纲常伦纪,而内心没有真贞实行实德,而是假道德为口头禅,假仁义作敲门砖,因而三纲不正,五常不明。这又是为什么呢？段正元认为是知旧而不知新。即使有新旧兼知的人,却知外而不知内,知人而不知仁,知己而不知真贞为己,学非透彻本元,终是皮毛作用而已。[①]所以他讲古之学者为己,好古敏求之道,敏求知己,是希望在位者能引为知己,德政合一,平安天下[②]。他进一步说明他立学社是为了求知人,内有知己,外有知己,为两知己,知己办到,还要知人情物理。但是,知己难,知人更难。如今讲敏求知己,就是要看外间有无知己来。所以,"此次说法,关系至巨,天德王道,俱在其中"[③]。他先说明夫妇之伦、《诗》三百之义,指出君子之道,造端乎夫妇,是王道的开端,所以儒家首重人伦,人伦中先重夫妇。孔子说,"《诗》三百,一言以蔽之,曰思无邪",《诗经》开篇是《关雎》,为君子追求淑女。贞君子一定求淑女,贞淑女一定配君子。不先正夫妇之伦,世界不能大同。[④]段正元还提出了闻法四要:第一要知无为有为之贞理,第二要知古之学者为己之贞礼,第三要知后天学而知之为学之贞礼,第四要知先天好古敏求之贞礼。听法须知:第一项由上上乘说法,即是无为古道。第二项孔子曰:"假我数年,五十以学《易》,可以无大过矣。"《易》者,一也,先天后天一贯,有为无为一贯,天事即人事,人事即天事,所以说可以无大过。第三项能明无为有为,方知孝弟为仁之本。即能知己为己。他认为,儒、释、道、耶、回各教,皆是为己。为己虽有等差,其实皆由无为合有为而为。

[①]《敏求知己》,选自《师道全书》卷十九,道德学会总会1944年版,第1页。
[②]《大道源流》,北京大成书社1939年版,第10页。
[③]《敏求知己》,选自《师道全书》卷十九,道德学会总会1944年版,第18-22页。
[④]《敏求知己》,选自《师道全书》卷十九,道德学会总会1944年版,第9页。

只有儒家讲的为己,从有为中合无为,尽人事,合天道,踏实认真,可为模范。①这是对孔子"为己之学"的发挥,并以此为基础和合五教。

在"敏求知己"演讲中,他以"为己之学"为标准把古学分为六个等级:

一知己学人。

二为己为人。

三克己成人。

四爱己礼人。

五恭己亲仁。

六无己元仁。②

在《敏求知己》中他回顾了办学社20多年的情况:"回思吾自各处立社以来,集思广益,数十年中,未用公家半文钱,未受国家一名位。前后在京二十余年,系私人感情上所敬奉于我者。置成业后,作为公用,门人维持师道与学社之财物,皆列簿记,使有功苦勤劳者,一毫不落空。故今学社与仁同乐,颇有可观。若不自反,以为我为人,未出人情外作过一事,在世俗中,算个真好人。然以大道论,犹日在过中。又自问日用中,切思未暴殄一物,乱费一文,生平无有犯上作乱之事。今大道虽未行,而弟子之多,安享道德幸福,两袖清风,良贵犹存。此生自问心,心问身,邪淫浪饮,丝毫未犯。"③

1925年农历闰四月初一日起段正元讲"道一"。"四月初一"对段正元而言是个特殊的日子,是他的生日,但他宁愿称之为"母难日"。每年四月初一他都要做演讲,以尽母亲活着时未尽的孝心。这年段正元正好去外地学社讲学,不能在前四月演讲,遂在闰四月弥补。这次是为预备三次大法而做的演说,原因有二:一因补行前立志愿,二因现下有政德合一之机。

"道一"的主旨为万殊归一,归一即归道。心善事善即是内外合一,男女分而二合而一,凡躯与灵魂分而二合而一,性与命分而二合而一,人与仁分而二合而一,善人与乡愿分而二合而一,儒教与诸教分而二合而一,真知识与无知识而二合而一……除此之外,段正元还论述了假道德仁义与真道德仁义、孔孟道学

---

① 《敏求知己》,选自《师道全书》卷十九,道德学会总会1944年版,第25页。
② 《敏求知己》,选自《师道全书》卷十九,道德学会总会1944年版,第33页。
③ 《敏求知己》,选自《师道全书》卷十九,道德学会总会1944年版,第18页。

与程朱理学、普通理学与普通道学等的关系。在传统儒家五伦的基础上他提出师弟一伦为六伦,因师弟一伦,可以成全五伦,为大同世界的开始。还为修持人立阴阳为第七伦,作为修持人的大伦。①就此次说法弟子整理出《道一》一书。

中国传统上讲"五伦",即《孟子·滕文公上》所说的"父子有亲,君臣有义,夫妇有别,长幼有序,朋友有信"。段正元在传统的五伦基础上还特别阐发了师弟一伦,并特别强调这一伦是统摄前述"五伦"的。他认为师弟一伦实为人伦之主宰。为什么?因为"师弟关系,乃统摄夫妇、父子、昆弟、君臣、朋友、五伦而陶铸之,正五伦所赖以明者,是故谓之大伦,不徒第于五伦之次耳。舜之使契为司徒,教以人伦……而《礼运》亦云:'天生时而地生财,人其父生而师教之。'人何以必须师教?凡自有生以后,气禀不齐,本性多为所拘蔽。所谓耳目之官不思,而蔽于物。物交物,则引之而已矣。若使逸居无教,任情欲之迁流,势必至穷欲灭理,知诱物化,日近于禽兽之一途,则一切父慈、子孝、兄友、弟恭、夫义、妇顺、君仁、臣忠、友信之道无由明,其实践且邈不可得,人类社会将浑成一黑暗世界矣,有不夐焉澌灭者几希。此先觉觉后觉,先知觉后知,群类教化之所由兴,师弟大伦,所以至尊至贵也。"②这也就是说,五伦的落实,有赖于师弟一伦的化育。人的性格、气质各异,多为后天熏染,如果没有师教,父慈、子孝、兄友、弟恭、夫义、妇顺、君仁、臣忠、友信之道就不能倡明,更不用说实行了。正是在这个意义上,他强调师弟大伦的至尊至贵。

1925年农历十月十八日段正元讲"无为心法"。所谓"无为心法",是指无为无所不为贞主宰的心法,贞说者能说能实行,贞听者心心相印,感而遂通。在演讲中,他提出了十戒:

一、戒淫邪。

二、戒嗜好。

三、戒贪利。

四、戒多言。

五、戒自是。

六、戒暴殄。

---

① 《道一》,选自《师道全书》卷二十一,道德学会总会1944年版,第30页。
② 《道德学志》,选自《师道全书》卷六,道德学会总会1944年版,第33页。

七、戒假道德仁义。

八、戒有始无终。

九、戒无故伤生。

十、戒不知足、不知廉。

此十戒本来是段正元早年为自己订立的,现在公开出来愿弟子们共同遵守,以为感通无为的捷径。

十戒足具,还要有十行:

一、实行爱身。

二、实行爱家。

三、实行爱国。

四、实行爱天下。

五、实行言行如一。

六、实行成己成人。

七、实行学古人不为古人所愚,学今人不为今人所惑。

八、实行智仁勇三达德。

九、实行酒色财气之贞谛。

十、实行为人处世,凡事双方收圆满之结果。①

十戒十行都是在具体修炼过程中应遵循的戒律和行为规范。

1927年农历二月初一,段正元讲"名实相符"。"名实相符"四字,看似平常,其实含义非常丰富。段正元认为,道德仁义等一切极好的名词,如果不能见诸实行,名实不相符,终究是假物,其结果亦足贻害于社会。有名无实,似是而非,为害甚大。这里讲名实相符,虽不言道德仁义,而道德仁义之实行实德,皆在其中。②"讲名实相符,无论何人,任作何事,皆要名实相符。不符则什么事皆是假的,皆不能成功;相符则什么事可以做得成。只此名实相符四字,即可包括天道、人道之全体大用。"③他指出:"名实相符,望之似乎浅近,推而极之,实无尽藏,其分量实不易满足。千古圣贤,盛德大业之成就,无非充满其名实相符之分

---

① 《无为心法》,选自《师道全书》卷二十二,道德学会总会1944年版,第25—29页。
② 《革故鼎新》,选自《师道全书》卷二十六,道德学会总会1944年版,第2页。
③ 《名实相符》,选自《师道全书》卷二十五,道德学会总会1944年版,第37页。

量；千古小人之穷凶极恶，无非表现其名实不符之情况。"①学道办道，能名实相符，即是大同极乐世界。名实相符即天人合一之表现。其中他特别强调伦常礼教是维人道之正轨："圣人制伦常礼教，是就人类自然演成之现象，发明其所以然，指导其所当然，使人群随时随地，有所标准，以登进化之程。人群惟有实践伦常，方是向大同极乐方向去的正轨。"②他认为近代中国批判传统文化，废弃伦常礼教，造成社会礼崩乐坏，道德沦丧。那么，怎么维持伦常礼教？段正元强调："维持伦常礼教，必要自身实行，以身作则，始能感化他人。"③

段正元从名实相符的角度为修身之学立下五条原则：

一、修身之学。甲、不嫖赌；乙、不浪饮；丙、不作无益事；丁、不用非礼财；戊、一切贪嗔痴爱，扫除尽净，为修身名实相符。

二、修身之明。一日不可无事，一日不可无闲，一日不可无乐，一日不可不知道。此四者能日新又新，即能修身名实相符。

三、修身之诚。行住坐卧，视听言动，口问心，心问性，性问天，天问行，四者能合一，穷则独善，达可兼善，即得修身名实相符。

四、修身之贞。不但外无嗜好劣迹，内无阴谋欺诈，并爱身、爱家、爱国、爱天下，故君子修身，贞而不谅，名实相符。

五、贞修身圣者，行道于妻子，故《诗》云："宜尔室家，乐尔妻帑。""父母其顺矣乎！"不言齐家，而自然齐大家，不言治国平天下，而协和万邦，皆在其中，正是君子修其身而天下平，名实相符也。④

1927年农历五月十八日，段正元说"革故鼎新"。"革故鼎新"源于《周易·杂卦传》："革，去故也。鼎，取新也。"段正元解释说："温故而知新，一时可行，万世可推，保存真贞旧道德仁义，实行真贞新文明，平等自由，方为革故鼎新。"⑤其针对新文化运动对传统文化的大破坏，讲明破坏与建设、破坏与保全的关系，并以破坏伦理为例来说明："有时说人伦要保全，有时说人伦要破坏。其实要破坏者，是要破坏虚伪之人伦，破坏假借人伦，以遂行专制专横，使中国黑暗几千年，

---

① 《名实相符》，选自《师道全书》卷二十五，道德学会总会1944年版，第41页。
② 《名实相符》，选自《师道全书》卷二十五，道德学会总会1944年版，第44页。
③ 《名实相符》，选自《师道全书》卷二十五，道德学会总会1944年版，第44页。
④ 《名实相符》，选自《师道全书》卷二十五，道德学会总会1944年版，第47-48页。
⑤ 《革故鼎新》，选自《师道全书》卷二十六，道德学会总会1944年版，第1页。

人人不得真自由、真平等之流弊。要保全者,是要保全父慈子孝,君仁臣忠,夫义妇顺,兄友弟恭,朋友有信,两全其美,能得真自由、真平等之圆满的人伦。"①除此之外,段正元还说成己成人、修齐治平之道。特别是对齐家之道多有阐释,指出"齐家有三:一、有小家,但持独生(身)主义者,无家可齐也,有妻子方算有家也。二、父母弟兄妻子一堂者,方算全家,乃云齐也。三、惟齐大家者,堂前有尽苦劳之弟子,四方有及门求教者,室中有求学尽苦劳者,室家内还有妻孥及家奴院子。内外上下,相亲相爱,毫无勉强,毫无迫力,自然而然,各尽各道,方算齐大家。"②并为齐家立法,由齐家起,保全身心性命,使合家上下尊卑,各守名分,遵道而行。

1927年农历十月十八日段正元说"归元自在",这是为因缘弟子归元说法,特立纲目一本,给三元弟子各一本,使他们阅览,知道有所遵循,行为归在元气之中。他指出:"我说法是圆教,说此一面,必将彼面对照发明。说一部分,必将全体笼罩其中,决不落于理学的呆板迂阔,以使人便于实行。但说得多,不如说得少,尤不如说得踏实。故凡我所说,必先问自己能实行否,能实行而后说,决不空谈。"③强调踏实实行,不要空谈。

1927年农历十月二十七日段正元讲"言行合一",这是为"齐大家"而与家人弟子进行的一次谈心,其中提出为人师应该言行合一,一言已定,始终如一。

1927年农历十二月初八日为纪念北京道德学社开社讲"改过自新",是"特为自作聪明,背师忘道,有野心者,实是不愿为他之师,真贞不敢承任他为弟子。师有师道,弟有弟道之说法也。"④他感叹"本社自成立,已满十二年。我于此时间内,立坛讲演,瘏口敝舌,所为何事?无非见世人醉生梦死,倒行逆施,想使他们明白,免得以有用的精神,作无益的事,纷纭扰攘,祸人祸己。岂知千呼万喊,而不明白的,还是不明白。不但世人如是,即我及门弟子,亦多是言之谆谆,听之藐藐。岂不可叹?"⑤由此可见他办道德学社济世渡人之苦心。这次演讲还讲

---

① 《革故鼎新》,选自《师道全书》卷二十六,道德学会总会1944年版,第9页。
② 《革故鼎新》,选自《师道全书》卷二十六,道德学会总会1944年版,第20页。
③ 《归元自在》,选自《师道全书》卷二十七,道德学会总会1944年版,第17页。
④ 《改过自新》,选自《师道全书》卷二十七,道德学会总会1944年版,第44页。
⑤ 《改过自新》,选自《师道全书》卷二十七,道德学会总会1944年版,第44页。

了不愿为人师之十六条,其实是表达对某些弟子的批评。①

1928年段正元讲"圆道"。弟子们在后来整理成书的《圆道·引端》中说明:"此书一名《知命革命贞元》,是实行休息中回想六十五年所经验阅历过去未来之事实,虽非行有余力之文,然由天真烂漫性分中自然流露而述之者。"并认为段正元"此次于实行休息中,所讲圆道,挈其纲曰《知命革命贞元》,成为包罗无为有为、上天下地、往古来今,全球万国人事物理之大圆教,非一事一理,一时一地,一国一人之小圆教。虽是为同仁说,亦即为天下人说。虽是为一时说,亦即为万世说。真是范围天地而不过,曲成万物而不遗,至尊至贵,圆满无亏之贞道贞教也。"②《圆道》提出了三人三权三德之必要:

(甲)三人必要:一、人之生活;二、人之名利;三、人之道德。

(乙)三权必要:一、士农工商各有自由权;二、国家为政有公理权;三、中外人民有平等权。

(丙)三德必要:一、男子要有君子德;二、女子要有淑女德;三、人民要有亲爱德。③

段正元还在休息中给予弟子四次警告,使弟子们更好地办学社。如第四次警告的要点为:一、知道学道,先革除自身贪、嗔、痴、爱、酒、色、财、气。二、革除身不行道,不能齐家之旧习。三、革除世俗中争名夺利之阴谋。四、革除口是心非,空谈理想,能说不能行之文章。五、革除不知足、不顾廉之言行。并以自己的人生阅历和生活经验现身说法,教育弟子。④

1931年正月起段正元讲"中道贞经"。中道即儒家中庸之道,段正元对此多有发挥,成为其思想体系和实行实践的核心。"此经道法并行,句句有心法,字字有薪传。贞能看得穿、悟得明,照此实行,即是不矜奇、不好异,踏实认真之常道。常道、常道,天地非常道不久,日月非常道不明,人物非常道不生,治国平天下,非常道不行。古今中外,断未有离常道而能治国安天下者。果能凡事在常道中止于至善,自然从心所欲,不但人要服从,即气数中天地鬼神,亦要听命。

---

① 《改过自新》单行本,北京道德学社1927年版,第13页。
② 《圆道》,选自《师道全书》卷二十九,道德学会总会1944年版,第1页。
③ 《圆道》,选自《师道全书》卷二十九,道德学会总会1944年版,第8—13页。
④ 《圆道》,选自《师道全书》卷二十九,道德学会总会1944年版,第25页。

凡有血气,莫不尊亲,故《感应篇》有云:'祸福无门,善恶之报,如影随形。'此《中道贞经》,即日用伦常中,为己成人,为人成天下之常道也。"①"此经原为无字真经,今在后天变成有字贞经。"这就是说,以中庸之道修身,身安得长生;以中庸之道齐家,家和万事兴;以中庸之道治国,国和天下平;用中庸之道于民,上下相亲相爱。

1932年正月起段正元讲"天下归仁",主要讲《大学》秘传信性、忠中、诚成、人仁的心法。所谓信,即言行相符,取信于人;所谓性,即人身之贞性与道合一,先天之本体也。所谓忠,即良心中作事,正大光明,不偏不倚,有后天之忠心,返还先天之贞中也,忠者,中也,无上无下,无内无外,恰乎世事人情之中心。良心发动一念,照此实行,以至成功,故谓曰成。由不二不息,悠久无疆,以至四时行,百物生,故谓之诚。人落后天,即与先天之仁分而为二,故必要完人格,以返还先天,使先天后天合二为一。真贞完了人格,即是颜子问仁,孔子答以克己复礼,天下归仁之仁,即是贞种子。以上四者,即是《大学》内圣外王,先后一贯之秘传心法。②

1932年4月起段正元讲"申集大成",主旨是了缘归元,指出修持人先要了自身历劫之因缘,使其一切因缘自了,方算了缘归元。今日世界要成大同,需打断因缘归元音。从前不了不归者,今自然可了,天然可归,所有就了缘归元为众人说法,纂集一部,正名为《申集大成》。③

1932年9月段正元讲"三一自修",立定三一自修大礼,订每月初一、十一、二十一三天为休息、自修、祷告之期。还将古人所订的三纲五伦加以校订,在三纲之中加以师道大纲,五伦之中加以师弟大伦,共成四纲六伦,并分别做了详尽解释。

四纲:一、贞师为弟纲;二、明君为臣纲;三、善父为子纲;四、良夫为妻纲。

六伦:一、师弟之伦;二、君臣之伦;三、夫妇之伦;四、父子之伦;五、兄弟之伦;六、朋友之伦。

这是对传统三纲五伦的现代转换,"三纲"加了师为弟纲,且放在第一位,"师也者,模人之不模,范人之不范",对师以"贞"限定。"君为臣纲"是指"君使臣

---

① 《中道贞经》,选自《师道全书》卷三十四,道德学会总会1944年版,第24页。
② 《天下归仁》,选自《师道全书》卷三十五,道德学会总会1944年版,第54—55页。
③ 《申集大成》,选自《师道全书》卷三十六,道德学会总会1944年版,第1、16页。

以礼,臣事君以忠,君臣以义合者也。为君者尽君道,为臣者尽臣道。君臣同心,上下一体……必要明君,方能为臣纲";对君以"明"限定。"父为子纲"是指"为父者慈,为子者孝。父子相亲,自然之体……为父者,先尽父道,其言行动静,可为女子之模范",对父以"善"限定。"夫为妻纲"是指"夫义妇和,乃天道之自然,人情之当然……果为人夫者有倡导之能,足以为妻室之仰望,则彼倡此随,自然和气一团,福禄永康,故良夫方能为妻纲",对夫以"良"限定。在传统五伦之上,段正元特别安排把师弟一伦放在前面称为"大伦",指出"师弟之伦在有道……师尽师道,弟尽弟道……必要师弟合一,言行一贯,致中致和,方能位天地,育万物。"①其他五伦保持了传统含义。

1933年段正元讲"公平元经",围绕"公平"观念加以发挥。他指出:"贞公自能平,贞平自能公。公平二字,大道大德之发动机,内圣外王之大作用,大道之先行,成仙成佛之根基……真贞、忠中、升申、信性、人仁、诚成、得德、到道十六字,即公平之表现,亦即其中厥中之心传。祷告堂中,公平成为实事,则中国不亡而兴之人才出,中国统一,万邦协和,世界大同,天下太平,即在是矣。"②以"公平"二字作为道德的发动机,内圣外王的作用,以实现国家统一,世界大同。

据《大道源流》记载:民国二十三年(1934年)沪杭闻人王一亭等发起"阐扬孔子大同真义,祈祷世界和平大会",联合一批知名人士敦请段正元讲说大法,弟子们也恭上"笃恭"道号,以示尊师重道。"笃恭"二字出于《中庸》"君子笃恭而天下平","笃恭"是纯厚恭敬之意。《孔子家语·弟子行》:"好学则智,恤孤则惠,恭则近礼,勤则有继。尧舜笃恭,以王天下。"段正元随即讲了《笃恭元始经》,指出:"笃恭之妙用,乃予怀明德,不大声以色,凡事心头一默,即无形化解。故当笃恭责任者,要有出乎其类,拔乎其萃,圣而不可知之之谓神,聪明圣智达天德者,方能与于斯。"③并表示"自思生今之世,要成今之仁。吾前有救国、救民、救天下之大志愿,今有此事发现,不敢畏难偷安,真贞内不顾人言,外不顾生死,勇往向前。"④

---

① 《三一自修》,选自《师道全书》卷三十六,道德学会总会1944年版,第45-47。
② 《公平元经》,选自《师道全书》卷三十九,道德学会总会1944年版,第35页。
③ 《自求多福经》,选自《师道全书》卷四十四,道德学会总会1944年版,第16页。
④ 《自求多福经》,选自《师道全书》卷四十四,道德学会总会1944年版,第25页。

1935年段正元讲"元德新经",说明自愿代理笃恭之任,解散人类数千年种下的恶因,将一切刀兵、水火、瘟疫、盗贼等天灾人患化为乌有,因此拟了二十条规定。又讲"知道心经",说"此经为何而述?因恐知恩难报,知过难改,知善难为,如父母劬养育之恩,如贞师善教化之恩,如何答报?报恩就在知过贞改,见善贞为"①。

1936年因祈祷世界和平大会没有得到各国司政者赞助,有愿难偿,段正元遂于四月一日说法三日,编成《七三寿辰法语》。《七三寿辰法语·叙言》介绍说:"本书系由五次讲演合编而成。第一次,乃师尊自述从师学道、奉命出山、救国、救民、救天下,一切经历之实事。第二次,系说明孝弟、勤俭、谦让、和平等等,为修齐治平之要,而兼及于两年以来,未遇各国当道知音,故未遽任说法主体之本怀。三、四两次,正经各题,发挥数千年来大道不传之秘藏,使天下后世,咸晓然于各教之圣经,并非空疏无用之物。第五次,立法各题,治平之业,天人之奥,特揭其要,以待识者,为欲打破从来之理障,故立言不取艰深,为期普渡世人。故取譬必求共晓,世有明达,举而措之,并身体而力行之。以之修身,身安得长生;以之齐家,家和万事兴;以之治国,国和天下平。"②基本内容有"为和平大会同仁祈福法语""立法正经纲目""七三立法正经语录""救世救民是修道人应尽之义务""讲道与讲学大不相同""自强日新经""自新日新经"等。

1936年7月段正元讲"三我立道"。他说,民国七年(1918年)以"三我"说法,过了十八年后又以"三我"立道,自强不息。以有理之强,维持公理国法,保护治安,并以消除世界之浩劫,开万世大同之模范。"三我立道"本来是为弟子们讲的,但弟子们听了以后深感切合于现在人类祈望和平,希望大同的需要,就把两次演讲记录整理编辑成书,以"就正同道高明,互相砥砺,俾天下万世知"三我",实行"三我",永享"三我"大道幸福,即是人道主义行,人仁(人)平等,天然相亲相爱相扶持。"③

以上是北京道德学社成立以后段正元历年在北京讲学传道的概要。由这些可以看出,段正元在对经典进行个性化阐释的过程中逐渐形成带有主观体验的系统理论,其中既有合理之言,也有偏颇之辞。

---

①《自求多福经》,选自《师道全书》卷四十四,道德学会总会1944年版,第52页。
②《七三寿辰法语》,选自《师道全书》卷四十八,道德学会总会1944年版,第1页。
③《三我立道》,选自《师道全书》卷四十九,道德学会总会1944年版,第1页。

第四节　段正元隐退、辞世

祈祷世界和平大会不能定期举行，有愿难偿，国内外形势也越来越严峻，"九一八"事变后，日本不断在华北和华南进行挑衅，企图扩大侵略战争，国内民众抗日呼声日益高涨。

1937年五六月间，中国军队与侵华日军对峙，呈剑拔弩张之势，北平形势越来越紧张，双方军队时有冲突。因道德学社弟子里有相当一部分留学日本的政要和军人，其中不少人追随亲日的汪精卫，作为道德学社师尊的段正元不愿卷入复杂的政治和外交关系中，于是退隐。

在《隐退后切实警告知己书》中段正元说明了隐退的原因：他几十年来为国为民心血用尽，而志愿难偿，不能见谅于当政者，讲义书籍不能畅行，为明哲保身，不得不登报宣布隐退。他回顾道："民国四年，上书于袁世凯，因筹安会起，不能实现。后对民国要人徐世昌、冯国璋、段祺瑞、李纯、萧耀南、卢永祥、吴佩孚、蒋介石、张作霖等，均虚心周旋，开诚相告，而均不得要领，实为可惜。"①此外，是有"鉴世人顺遂恶潮，趋而不返，沉醉武力，迷不自悟，种因收果，在劫难逃，乃气数早定，不易挽回。"②这表明，段正元自认为救世救人的理论难以解决他所面临的现实问题。

日军攻陷北平、天津后，大批难民涌入京城，道德学社遂把办报的经费全部拿来救济难民，创建了难民所三处。救济难民事情结束后，1938年，又在安福胡同七十六号，即《中和日报》旧址，成立经学讲习所一处，讲习四书五经，结合人生社会，阐发经典真义。还在大栅栏成立妇女挑花工作所，并讲习《烈女传》、"女四书"等。③

1939年4月段正元作《正式退隐说明书》，说："当今气化天地不仁，以万物为刍狗。天不平治天下，我何必贪天之功，擅己之能？知足常足，人之道也。成功者退，天之道也。天道如是，我今不得不如是也。从此学个无用人，只知头上

---

① 《人道贞义》，选自《师道全书》卷五十一，道德学会总会1944年版，第13页。
② 《师尊历史》，北京道德学社1941年版，第62页。
③ 《道德学社访问记》，上海大成书社1938年版，第11页。

有青天。""我今正式退隐,大元音、大因缘,见世界风云四起,知天不欲平治天下,不遇当道贞知己,我独木难支,孤掌难鸣,万不得已,实行退隐……惟愿贤能者,早日出现,使世界大同,天下太平。此是我正式退隐之希望也。"①从中可以看出他面对当时时局变化无能为力的心态。

1939年12月段正元与弟子们述谈,自述他有十大特别之处如下:

一、修身无吃喝嫖赌、浪荡逍遥之嗜好。修身预备齐家,齐家预备治国平天下。未有不能修身,而能治国平天下者。

二、齐家。修身易,齐家难,古往今来圣贤仙佛尚难办到,何况世人?以孔子来说,后儒尚谓三代出妻,云曾子因蒸梨不熟而出妻,贤如曾子,得圣门一贯之传,何至因区区小事,不通人情若此?子思作《中庸》,称"君子之道造端乎夫妇,及其至也,察乎天地",将夫妇一伦何等重视,岂有不能容一妇人哉!以此看来,必是后儒因自身不能行道,不能行于妻子,以齐家为难,假托圣人亦出妻。

三、治国平天下。修身齐家,圆满美满,治国平天下,虽未办到,而学问问学,已造到纯乎其纯。孔子云:"善人为邦百年,亦可胜残去杀。""尚有用我者,期月而已,三年有成。""此期月而已"之学问,我已造到。

四、舍得。修道人什么都要舍得。前吾师教我舍家财,致家业凋零。在四川立伦礼会时,魔气与我为敌,欲摧残我之子嗣,我因办道之心切,愿舍子嗣而立学社。南京学社成立,又舍却一子。为齐大家,开女教,舍得名誉。

五、遵师教,守师戒,出门不带钱。龙元祖师命我外出寻师访友,又命我出门不带银钱。师曰:"你果真遵吾教,守吾戒,怀抱大道,自然大德受命,大道生财,饥有人送食,寒有人送衣。"嗣后果然证明吾师之言,带一元钱来到北京,途中未用一非礼之财。

六、不作国家官,不用公家钱。孔子尚为鲁大夫,孟子且传食诸侯。我四方立学社,未用过公家一文钱,此又我之特别也。

七、不读古人书,不学今人学。古云:"万物皆备于我,反身而诚,乐莫大焉。"常言"得诀归来不看书",我百书不看,而讲义成册者多少种。

八、不记私仇。六亲前轻视我者,我今犹设法维持,当年老弟子均可证明。

九、为大同元音,不分种族、国界、教派,信之于理,不信之于痴。

---

① 《己卯法语》,选自《师道全书》卷五十九,道德学会总会1944年版,第6页。

十、无自恃心。我虽当师位,恐有大过而不自知,故常教弟子几谏,使我有则改之,无则加勉。人之有过,常粉饰之,怕被人知道,我则不然,过使人知。纵有大过,如日月之食,人皆见之,即非大过也。①

在说明了十大特别之处以后,又列了十大纲目以备详查:

一、如察出我修身不自爱,不自强,不自重,有烟酒嫖赌浪荡逍遥,非礼非法嗜好者;

二、如察出我齐小家,齐大家,不与人说明贞情,言行不合一,名实不相符,阴谋压迫劣迹者;

三、如察出我巧言令色,只口说治国平天下、内圣外王之仁心仁德,能说不能行,虚伪不实者;

四、如察出我舍得名利,舍得家财,舍得后嗣,今退隐自修,不实行将所有作为办道公用者;

五、如察出我在四方所办之道德学社,劝过一文捐,用过公家一文钱,占过公家一席地者;

六、如察出我常与当道者计划救国、救民、救天下之实事,受过国家一名位,挂过虚名差事者;

七、如察出我不读古人书,不学今人学,布衣教王侯,使其心悦诚服,全属虚言,毫无实事者;

八、如察出我受恩不报,有人谏我,有过不改,对六亲弟子记旧恶,无有仇以恩报之实事者;

九、如察出我所立之道,言行分国界,分种族,辟诸教,私心用事,作事损人利己,有不公平者;

十、如察出我为人处世,有自欺欺人、欺天、欺道、欺师,恃强逞狠,以恶为能,不能成己成人者。②

由此,段正元从正反两面对自己一生做了简洁明了的概括。对学道办道六十三年中的经验阅历,他总结道:

"天地间之事,若要得人不知,除非己不为。水清石自现,事久见人心。今

---

①《己卯法语》,选自《师道全书》卷六十,道德学会总会1944年版,第62-64页。
②《己卯法语》,选自《师道全书》卷六十,道德学会总会1944年版,第66页。

在我左右代劳伺候者,有三四十年、数年不等。常言坛子口可封,人口难封。吾今在千万人耳目之中、群仙诸圣照临之下,若言行稍有差错,不可为法,则天地不容,鬼神皆共怒,岂能在政令森严之北京,前后当三十余年之师位?"①

段正元给这个世界留下的遗训是:

"吾所学先天大学,修齐治平一贯之道,今已止于至善。人格完全,人事尽净,礼应退隐。凡事交与贞知己弟子继承办理,期必完成我之素(夙)愿,弟道成功,即师道功成。并盼世之贤能圣者,早出救世,使世界大同,天下太平。他人成功,我之志愿亦了。从此决意万缘放下,实行不言之教。"②

1939年农历十二月初十清晨,段正元将一亲笔手书交予身边弟子,命速铅印若干份,发到其余弟子手中或张贴在学社醒目之处。手书如下:

初十清早子正,在室中沐浴,忽闻吾师性与天道警告我曰:汝所学先天大道,修齐治平之事业,今人格完全,人事尽净,礼应实行退隐,自有礼仪三百,威仪三千贞弟子,贤能圣者出而辅道成功,使世界大同,天下太平。天命如是,人事应照而行。从此急流勇退,知足常足。将万缘放下,天然自然而然,乐在其中。③

曾经在段正元说法时做过记录的郑闱英老人回忆这段往事时说:

"我当时见此铅印语录,甚是惊讶,见有'警告''实行退隐''急流勇退'之句,心中惶恐,于是找机会去见师尊,叩问师尊是否要凡身隐退。师尊说:'你先不要往这方面想,我还不一定,且看人事如何。'师尊又说:'上年黄河长江之水灾,江西、湖南之战事,以及各方之干旱,凡有当道请求,经我许可,无不有求必应,自我登报退隐已经三年,国事日乱,竟无人恳求,亦是天意。'我当时亦不敢再问,唯唯而退。不料那次竟是我最后一次面聆师尊的教诲了。师尊这段铅印语录亦成了最后的遗训。"④

1940年1月,段正元辞世归天。

---

① 《己卯法语》,选自《师道全书》卷六十,道德学会总会1944年版,第67页。
② 《己卯法语》,选自《师道全书》卷六十,道德学会总会1944年版,第69页。
③ 《己卯法语》,选自《师道全书》卷六十,道德学会总会1944年版,第64页。
④ 路石:《段正元传》,世界知识出版社2015年版,第324页。

段正元的逝世在当时京中为一大要闻。《新民报》在重要版面以大字进行了报道：

北京道德学社公葬师尊段正元一事筹备极为隆重，其殡仪一切，特为宣内大街同顺贡房代为负责。闻棺罩新款别致，红缎底满绣金龙，灵柩仪仗之前，则由韦陀佛纸法身领路，由西单头条赴海甸善缘桥山庄安厝，预料本月十七日发引时，定有一番盛况云。①

"本报特讯：北京西单头条道德学社段师尊逝世后七七期满，昨为开吊之日，午前八时起，即由段师尊在京弟子及各方来京吊奠代表，先后分别举行吊祭礼，由该社总干事雷保康、陈尧初披麻戴孝主祭，次由世界和平会全体代表吊祭，均至诚尽礼，哀痛逾恒。十时至下午四时许，本京官绅士商新闻各界即陆续前往吊祭，男女来客异常众多，有临时政府委员江宇澄、内政部总长王揖唐、治安部总专齐燮元、宪兵司令邵文凯、建设署长殷同、防共委员会委员长冷家骥、萧克昌、樱井松林亮、袁总长（乃宽）、钮督办（传善）、程委员长（绍伊）、于厅长（继昌）、尹部长（扶一）以及万国道德会、佛教会、妇女念经会、劝戒烟酒总会、画业联合社、道德总会分会、各文化机关、慈善团体各代表等多人。该社满院悬挂挽联、祭幅牌匾、花圈、旗伞、纱灯等项，有喇嘛、和尚、道士三棚。灵前有段师尊遗像并陈设祭品，灵棚周围悬黄白幔帷，门前搭有花棚席一座，东西胡同口搭新彩牌楼各一座。午后五时许送葬，由西单东口，经西长安街，直达宣内东顺城街梵库地点，人数之多，沿途经数里，据闻段师尊灵柩定今晨八时出堂，由西长安街进六部口，出绒线胡同西口，往北经西单、西四、新街口，出西直门直达海甸善缘桥山庄暂厝之。"②

从段正元的祭礼中可以看出当时信奉其道学理论的有军政要员、民间百姓，几乎未见学界人士，这大体反映出他的影响范围。

---

① 《积极筹备段师尊葬礼》，《新民报》，中华民国二十九年（1940年）三月九日。
② 《道德学社段师尊今晨出殡，昨日开吊祭者络绎》，《新民报》，中华民国二十九年（1940年）三月十六日。

各地道德学社

第四章

军政要员的参与和支持、段正元的讲学传道以及其讲稿的印制传播,这些都为道德学社的发展壮大奠定了基础,各地信众相继组建起道德学社分社。

第一节 南京、汉口及湖北其他地方的道德学社

(一)南京道德学社

1917年4月南京道德学社分社成立。时任南京督军李纯与萧汉杰有旧谊,听说京中军政要人在北京成立道德学社,请段师尊讲学传道,于是写信给萧汉杰,代为请求在南京成立道德学社,并恳请段正元莅临南京讲道。段正元答应了其请求,于民国六年四月率萧汉杰、范绍陔、刘晖吉赴宁讲学。到达南京时,有江宁镇使王子铭,约同军政绅商各界开欢迎大会。据《道善》记载:"杭州分社同学亦感于浙省水灾奇重,公函恳求讲道,救济未来。当命回信云,国家灾害并至,原系司地权者,无德政之恶现象。故古人云:天灾所以致警在位者,有修德回天之历史。今若当局不知反省,局外人且奈之何!不过修持人,总以慈悲为主,亦许于九皇会期,特为讲解。"①段正元在南京讲学三日后返京。

---

① 《道善》,选自《师道全书》卷十二,道德学会总会1944年版,第24页。

是年秋,李纯又致函恳求成立南京道德学社,段正元遂率萧汉杰、陈尧初、刘晖吉等来南京。《大道源流》这样记载:

"是秋,天津一带大水,津浦路一段淹坏,乃由津乘小船到良王庄,有弟子随行谈心,乐而忘苦。到南京住毗卢寺。该寺主持,非常优待。僧人性修先拜门,尤热心奔走道务。因……合用之房甚少,社址不易寻觅。在毗卢寺讲道三月后,费尽心力,始适逢其会,租得李相府为社址,于冬月二十八日,开道德学社南京分社。成立大会时日,到会者除李督军派参谋长、齐省长派政务厅长代表祝词外,官绅学商,各界名流,共到数百余人,在当时可谓第一盛会。当场公推李(纯)为社长,齐(耀琳)为名誉社长,聘我为社师。我即当对众演说云:'道德为天地元气,可以保全各人之身心性命、国家社会之安宁秩序,胜过有形之兵将。'并将酒、色、财、气四端之利害,反复说明,面面俱到,会众大欢喜。"[1]李督军曾经计划邀请段正元定期到都督署讲道,连通告都发出了,后来因为军事变故,未能实现。

关于南京分社的活动情况,《大道源流》继续记载:

"其开办费及经常费用,由汉杰及各同学合力担任,从来未用公家及他人捐款分文,当犹为南京人士所能记忆。分社成立后,南北纷争,南京屡现危机,皆危而不危,足见道德神化。至腊月间,汉杰随我回北京,留尧初、晖吉、守青、怡天在社内分任事务及讲演,每逢星期三、六日,社员研究学问,星期日公开讲道。辛苦数年,出《道德浅言》十二册。我亦往返多次,陆续入社拜门者不少。"[2]

1920年7月14日直皖战争爆发,其间段祺瑞曾命令卢永祥出兵直捣直系军阀、苏皖赣巡阅使兼江苏督军李纯盘踞的江苏,1920年10月,李纯暴毙于任上。段正元劝南京的弟子不要办社了,但大家觉得费了不少心血,放弃太可惜,就勉力维持。1924年春季,情况更不妙,在位者不支持,段正元决意停办南京分社,而弟子们再三恳求继续,段正元只好说先暂停,等待时局转变再说。后来又有南京绅士蔿南拜门,自愿捐街坊为社址,建筑楼房,复兴道德学社。1925年2月29日,段正元又率弟子乘津浦路特别快车南下赴杭州,在浦口转车时,南京弟子十多人到浦口车站迎接其到宁一游,并再三恳求复兴南京学社。可惜,连年战

---

[1]《大道源流》,北京大成书社1939年版,第15页。
[2]《大道源流》,北京大成书社1939年版,第16页。

事,又与当权者意见不合,南京道德学社的牌子再没有挂起来。①

段正元曾与蒋介石有交集。据段正元自述,1930年,其因连续奔波,在杭州大病一场。病愈后已入冬,动身回京途经上海时,有南京政界弟子在沪恭候,说已与蒋介石约好,务必请赴南京一会。段正元慨然允诺赴南京,与蒋介石两日之内见面三次,做了长谈,具体情况如下。蒋介石问,现在国家这样究竟有什么好办法没有?段正元回答:你现在大权在握,想如何办,就如何行。就像一只轮船,你在掌舵,只有向平安方向行驶,才能获得平安;如果向危险方向行驶,必然出现危险。蒋介石又问:现在到底什么办法最好?段正元反问道:你究竟是想武力统一,还是和平统一?蒋介石回答:绝对想和平统一。段正元即欢喜畅快地告诉他:只要用"谦让和平"四字心法,保一个月,就可以统一中国,三个月即可以协和万邦。蒋介石问:如何着手?段正元说:其实并不费力,你只要请三次客,发几个通电,实行孔子亲民,期月而可。并具体告诉第一次如何请客,如何发表意见,第二次三次又如何,然后审度各方面的意见,拿出真良心,厉行几方面的善政。蒋介石一方面表现出钦佩乐从之意,另一方面又似乎认为段正元说得太容易,有承当不起的样子,所以最后并没有按照段正元所说的去做。②

段正元某弟子所著的《师道为文化之本原》中也谈道:"南京最高当局请师莅宁叩问国事大方针,师尊告以《大学》、《中庸》、内圣外王、修齐治平全体大用……"③可见,段正元给蒋介石出的策略是"谦让和平",所讲的无非是儒家修身齐家治国平天下的道理。大概是蒋介石未能领悟"谦让和平"四字心法,或者觉得段正元所讲不切实际,并没有听从,而是在第二年继续围剿江西红军,欲以武力统一中国,最后陷入第二次国内革命战争不能自拔。

关于段正元与蒋介石"两日会谈三次"一事,刘骥祥通过相关渠道查阅了藏于美国斯坦福大学胡佛中心的《蒋介石日记》,发现确有其事,两则日记如下:

一月十六日。有段某者言修齐治平之学,外视之未见有道,明日约(见),再后以视其究竟。

---

① 《大道源流》,北京大成书社1939年版,第17页;《从游鉴贞》,选自《师道全书》卷二十,道德学会总会1944年版,第48页。
② 《七十寿辰法语》,选自《师道全书》卷四十八,道德学会总会1944年版,第8-9页。
③ 路石著:《段正元传》,世界知识出版社2015年版,第267页。

一月十七日。上午批阅会客,正午对官兵训话。约二时到汤山与段某谈话。彼以格致诚正之学而参之阴阳之道,以古术干进者乎?①

又据《师尊历史》记载,是段正元的弟子邱躬景介绍其与蒋介石相识全面的。邱躬景即邱炜,浙江龙游人,生于1892年(清光绪十八年),保定陆军军官学校第二期工兵科毕业,曾在东北军中学习军事通讯,后历任浙江省军用有线电话通讯大队上尉大队长、南京北极阁无线电台少校台长。北伐战争后在南京任陆海空军总司令部交通处少将副处长、后升中将处长兼军政部陆军署交通司司长。1932年任津浦铁路管理委员会委员长。另外,南京政界及津浦铁路方面还有段正元其他弟子,如顾祝同、陈守谦(铭阁)、王图南(位诚)、龚柏令等。据说陈守谦时任海陆空军司令部副官处处长,由此介绍段正元与蒋见面亦有可能。再说,王图南与顾祝同系保定军校同窗好友,而顾祝同与蒋介石关系又非同寻常,介绍段正元与蒋介石见面应该也不是难事。据王图南之子王闻归先生回忆:"段夫子会晤蒋介石之事家父曾与我谈过,两日会谈三次确有其事。家父曾两次陪同段夫子会晤蒋介石,另一次是谁陪同不得而知。只知道第一次会晤时,原本约定的时间很短,大约是礼节性的会晤,只有几分钟,不料见面后竟谈了两三个小时。听说,第二天,蒋介石就把刚刚听来的关于《大学》《中庸》的新论点作为他的学问对下属们大谈特谈。"②

(二)汉口道德学社

明末清初以来,汉口迅速成为新兴商埠,名声和发展速度远远超过了武昌和汉阳。1927年初,武汉国民政府将武昌与汉口(辖汉阳县)两市合并作为首都,并定名为武汉。武汉三镇扼守长江要冲,政治、经济、军事地位十分重要。段正元在进京创办道德学社途中曾到此地,当时见道阳甚微,尚未发动,便暂住武昌黄龙寺,整理成都办会所讲的各种稿件,历时半年,编成"圣道丛书"十八册。③

1918年夏天,武昌黄鹤楼吕祖阁道人致函恩请段正元,愿以所有吕祖阁房

---

① 转引自氏著:《私人记录中的民间宗教:段正元与三位民国军政人物交往钩沉》(未发表)。
② 路石:《段正元传》,世界知识出版社2015年版,第268页。
③ 《师尊故里纪要》,齐俊成手抄本1994年版,第17页。

屋,作为开办湖北道德学社的社址。段正元考察得知黄鹤楼及吕祖阁将有火灾,而地方阳气也很薄弱,所以没有立刻决定。后思考再三,乃派弟子前往接洽。后又有人阻挠,在黄鹤楼开办道德学社的事最终没有成。于是迁移到武昌候补街,由弟子玉泉、尧衢住社办理,后合并到汉口学社。1919年其弟子于六渡桥清芬路购买了一块地,在此建筑楼房,供奉至圣先师孔子牌位。后因这个地方太偏僻,征得段正元同意,卖了楼房又迁至跑马场下柏泉墩建筑楼房,由诸弟子等住社办事。

1927年,有云梦县道人及绅士捐地资助,成立道德讲习所,并邀汉口弟子徐教普协同当地人士邵崧等办理一切。

1928年冬,段正元在汉口军警俱乐部演讲,从《论语》中的君子不器讲起,指出圣贤做事,是眼观四方八面;英雄做事,是一直前进,不问其他。

1930年,湖北弟子恳请段正元南游说法,以消劫难。段正元于这年九月到汉口,于二十六、二十七、二十八日在学社说法三日,成《道语常经》一书。

1932年,有弟子江中如自愿捐日租界大正街一号屋宇一所,作为办道之用。江中如,湖北黄陂人,国民党高级将领。早年毕业于保定军官学校第一期步兵科、陆军大学第五期。毕业后历任连长、营长、团长、处长和高参。曾任陆军大学兵学教官、军事参议院中将参议等职。1939年5月13日江中如被授予少将军衔,1946年7月31日晋升为中将。江中如中将曾在抗日时期任蒋介石重庆行辕总务主任时,专程由重庆去段正元故里,与村里人金光裕商议在故里建些亭阁以表纪念,全部费用由江中如负责。1947年江再去段故里时,村中已建成了一些亭阁石刻之类。现在荣县成佳镇与威远县交界处岩石上,尚留有"师尊故里"四个巨型石刻大字,其余皆荡然无存。由江中如主编,汉口道德学社出了十几期《道德专刊》。每期前面有段正元遗像和简历、事迹,后面有有关道德教化的内容。

1932年,段正元在汉口特别演讲"婚姻自由委曲求全之法",指出理想的婚姻,要男女双方情愿,也要父母监督。应仔细考察其中有无阴谋压迫,有无奉父母之命订婚、完婚。婚姻为人伦之始、造化之机,结婚以后要谨守信越,不要轻易离异。

1936年,汉口道德学社运行困难,宣告停办。

(三)湖北其他地方道德学社

1.随县、老河口道德学社

随县以西周封国"随"为名,春秋时分属随、厉、唐三国,战国时属楚。秦一统六国后,实行郡县制,始建随县,属南阳郡管辖。西魏大统元年(535年),首置随州,但随县建制仍长期保留,隋、唐、宋、元、明仍有随县建制,清设随州,无所领。1912年,恢复随县建制。《大道源流》这样介绍随县道德学社成立的经过:民国十二年(1923年)冬,段正元在北京说"大同贞谛"大法,有湖北随县弟子海丰、南轩、庶之、绍阳、教并、秀生等来京听法,结束后要回去时即向段正元禀请,想在该县立讲学所,以保地方平安。段正元考察该地有阳气,就允其所请。这些弟子返回故里,于1924年协同楚材,识庵,质庵、德六、达三、常午等发起,租得县城内太平街房屋成立了道德研究所,供奉至圣孔子牌位以表示对孔子的尊崇。民国十四年(1925年)段正元到汉口,随县及老河口各派代表到汉口迎接。这年三月十七日夜段正元与弟子由汉口乘快车到花园,换乘襄花长途汽车,十八日早到襄阳,襄阳张镇守使派车来迎接,遂乘车在午后一点多到随县,已有当地军政长官李金门等,率军警乐队及绅商各界在车站等候。李金门在欢迎辞中说:"现在世风日下,人心不古,若无道德维持,何以立国?师尊上体天道,下察舆情,欲协和万邦,以大同救世。我辈同仁,诚能虔诚受教,知行合一,小则修身齐家,大则治国平天下,人人以道德相尚,不知争斗为何物。明知己为己之道,顺有为无为而行。一旦大同实现,全球万国莫不尊亲,同享共和幸福。"[1]随后段正元乘肩舆进城,军警及乐队前后恭敬围绕,俨然政德合一景象。[2]段正元一行下榻文昌宫内的县议会招待所,晚上受李团长宴请,随后请求讲道,段正元即开讲《军人天职在保国为民》。有感于该县有政德合一气象,段正元就从人生在世知己难逢讲起。何谓知己?即自己先认清自己,心如何想,口如何说,事便如何行。心口如一,言行合一,完全人格,即是圣贤仙佛学问之根本。譬如商人,货真价实,起初人或不知,久久招牌做出,远近闻名而来,自然生意发达。人人勤职勤业,安本分,相亲相爱,自然天下太平,世界大同。因听讲者有军人,又特讲

---

[1]《随县驻防长官李金门欢迎辞》,选自《师道全书》卷二十,道德学会总会1944年版,第20页。
[2]《从游鉴贞》,选自《师道全书》卷二十,道德学会总会1944年版,第51页。

国家设兵,是用以助扬德化。譬如学堂,老师置戒尺,不过表示一种威严,令小学生好发愤读书。过去释迦佛讲经说法,前有五百阿罗汉,后有三千赤帝兵,系镇慑法坛,非冲锋陷阵。所以军人的天职,第一在保国卫民;第二在助威宣化。能够这样明白自己的职责,方不愧为模范军人。①听众听了皆大欢喜,请求拜门执弟子礼的很多。

第二天早晨,段正元一行起程赴老河口,二十八日转随县,欢迎招待如前,又讲《理障误人因缘难了》,主要是讲人生在世,先要自强、自重、自爱,"如我今日由老河口转回随县,益受大众欢迎,虽是各界尊德乐道,钦慕教化而来,还是我自强、自重、自爱,平日说话做事不欺己、欺人,故交愈久而人愈钦敬。不然,骗人一回,下次哪还有人肯来恭维?故敬人者人恒敬之,爱人者人恒爱之"。②因汉口弟子四月初一要为段正元祝寿,于是二十九日段正元起程返回汉口。

这年秋八月,其弟子购得小南门西房屋一座,用来办地方道德事业。冬十月,兴建礼堂,安奉至圣孔子牌位,又恳请段正元将其命名为湖北随县道德学社。1926年4月段正元到汉口时,随县诸弟子又推代表南轩、余三,敦请段正元莅临随县讲道。段正元于四月十一日到随县,受到大众热忱欢迎。有感于大众诚心,段正元在此讲道三日。这时县知事及各界人士请求拜门的很多,又有汉彰、乐清请在朱家店设道德讲学所。据段正元回忆,后来因时局关系,一度停止办道德学社,结果这里遭遇纷乱,人民痛苦,不堪言状。不是他不怜悯人民,无奈人事难以挽救。所以,"是吾贞弟子,遵吾之教,守吾之戒,行吾之道,勤职业,修心术,实行孝、弟、忠、信、礼、义、廉、耻,正气所在,自然逢凶化吉,遇难呈祥,转瞬天下太平,世界大同,则前途方兴,正未艾也"。③1946年,杨献廷把湖北道德学社易名为"大同民主党",随县道德学社分社也随之改名,1953年被政府取缔。

老河口古为阴国,因位于荆山之北而得名。春秋时期为楚属地,秦统一后实行郡县制,设赞、阴二县。唐时废赞,改阴城县为阴城镇。宋以阴城镇建光化军,设乾德县。元至元十四年(1277年),废光化军,改乾德县为光化县,历明、

---

① 《周一》,选自《师道全书》卷二十,道德学会总会1944年版,第21—22页。
② 《周一》,选自《师道全书》卷二十,道德学会总会1944年版,第37—38页。
③ 《大道源流》,北京大成书社1939年版,第30页。

清、中华民国未再变改。1923年冬,段正元在北京道德学社说"大同贞谛"大法,当地至善社公推程道南社长来京听法,并请求在该地立讲学所一处。段正元欣然同意。1924年,该地好道之士自愿捐款购置土地,建筑礼堂、讲堂,行大成礼拜,公开讲演道德。1925年3月,段正元到汉口讲学,该社公推代表郭滋根、李午轩来汉口,诚恳邀请段正元莅临老河口讲道。

三月十九日段正元从随县早起乘汽车西行,午后一点多抵达樊城。张镇守使派陈副官暨各界在汽车站迎接。在樊城住了两个晚上,据段正元回忆:"二十一日由樊城起程,有该地驻防旅长王宗荃率同绅商各界及学社执事人等,欢迎九十里,仪式肃雝,等到达该地,大街小巷,观者塞途,男女老幼,皆大欢喜。予感该地政德相亲,即是地天交泰;人喜神欢,即是人神合一;男女皆知尊敬道德,即是乾坤定位。大同礼运,此其见端。"[①]

段正元在老河口住了七日,讲道七堂,王宗荃及各界请求拜门执弟子礼的很多。二十一日讲"人神合一正是万教大同",二十二日上午讲"圣贤仙佛由功苦勤劳积成",下午讲"自信人信与世长存",二十三日讲"圣人以神道设教天下悦服",二十五日讲"大道神化经过之一般"。其后于三月二十七日午后由老河口起程返回汉口。

2. 沔阳道德学社

古代沔阳州,民国改为沔阳县,即今湖北仙桃市。1926年沔阳火老沟人万端谦、万辉武父子及彭凤藻在汉口加入道德学社,第二年万端谦回到沔阳盘滩,一边教书,一边发展社员,介绍易志敏、肖作梅等人入社。1930年万端谦转到大岭教书,又介绍刘明传、肖贤庭等人入社。1940年段正元去世以后,北京道德学社分为道德学社派和道德学会派,沔阳的社员各随其主,也分成两派。1947年4月,沔阳道德学社正式成立,选举万辉武为社长、刘明传为副社长,刘忠树为常务股长,肖行亮为组织股长。学社骨干肖贤庭捐房作为学社社址,刘明传捐20亩地作为学社经费来源。其活动地域主要在沙湖、杨林尾两个区的几个乡,有社员63人。[②]

[①]《大道源流》,北京大成书社1939年版,第29页。
[②]《沔阳县志》,华中师范大学出版社1989年版,第590页。

第二节　杭州、上海的道德学社

(一)杭州道德学社

关于杭州道德学社，《大道源流》记载了其成立、发展的经过。当时，段正元的浙江弟子王鹏飞、都子新二人早年就读于保定军校，于1918年冬到北京道德学社入门听段正元讲"三我"大法并拜门后，即回杭州任见习职务，尽管每月薪金很低，仍每月往北京道德学社上"礼仪"，类似于今天学会缴纳会费，以表示诚敬之心。这样坚持多年，信道真诚笃实，广为人知。又介绍亲友拜门或记名弟子。

王鹏飞，字图南，道号位诚，浙江浦江人，祖上几代务农，后家境渐富裕。兄弟四人，鹏飞居末。少时天资聪颖，学习用功，小学毕业即考入浙江省立第七中学，1913年毕业后考入湖北武昌预备军官学校，1916年入保定陆军军官学校第六期炮科。保定军校毕业后，历次荐升营长、团长及调升参谋长、炮兵中校、津浦线区司令部总务处长、宁波防守司令部少将等职。津浦铁路1939年全线沦陷，即返回故里。[①]王鹏飞自从拜段正元为师后即能够尊师重道，至诚不二。1930年冬，段正元在政界弟子介绍下两日三次会见蒋介石，其中两次是在王鹏飞陪同下前去的。1931年春，段正元应何应钦之邀曾与都子新一起赴江西。在都、王影响下，政界有陈守谦、施泽民、谢铁夫、楼青莱等先后拜门。王鹏飞的勤务兵杨慧聪慧通达，也拜门，其中陈守谦拜门后弘扬大道，很有成就。

都子新之父都宗祁（字晋奚），弟弟都锦生（字鲁滨）均在他介绍下拜段正元为师。都晋溪也是保定军校毕业，原抱"军事救国"理想投入革命，后有感于军阀混战，武力解救不了中国的问题，受其子的影响，阅读段正元讲道书后明白非道德仁义不能平治天下。其对段正元极为感佩，信道笃诚，热心弘道。都锦生，号鲁滨，杭州人。1919年毕业于浙江省甲种工业学校机织专业，后留校任教习。在教学实践中，亲手织出中国第一幅丝织风景画《九溪十八涧》。1922年5月15日，

[①]张解民、江东放：《浦江百年人物》，中国文史出版社2011年版，第28—29页。

在杭州茅家埠家中办起了都锦生丝织厂,织锦产品曾在美国费城国际博览会展出,获金质奖章。后在全国各地开设营业所,至1931年营业所已遍及上海、南京、汉口、北平、广州、香港等13个城市,产品远销东南亚和欧美等地。九一八事变后,为抵制日货,停购日产人造丝,改用意大利和法国人造丝。1937年12月,日军侵占杭州,因拒绝出任日伪杭州市政府科长,避居上海,并在上海建厂。1939年,杭州艮山门厂房与设备全被日军烧毁。1941年,日军占领上海租界,丝织厂被迫停产;加上各地营业所先后被日机炸毁,都锦生悲愤交集,于1943年5月在上海病逝。

1921年,杭州弟子商议由都子新父亲都晋奚及当地官绅陈守谦等,联名请求北京道德学社派人来杭宣讲道德。一开始段正元未应允,经都晋溪等人恳请再三,知情不可却,秋天便派陈尧初、刘晖吉去杭主讲。

杭州弟子租宝石山一号为讲习所,每日聚会研究道德学问,并在省教育会讲演数次。截至这年年底,记名入社的弟子共十八名。讲演时弟子们在宝石山讲习所高悬段正元肖像,结束后一起摄影留念。此次活动效果很好,杭州弟子遂联合军、政、商、学各界,恳请段正元亲莅杭州,讲授道德性命之法,移风化而保平安,并使当地好道人士,便于亲炙门墙,领受道法。段正元曾经于1915年来过杭州。1922年3月,由北京到南京,再由南京学社到杭州。到杭州第六天,由省教育会开欢迎大会,官、绅、商、学各界到会者千数百人,主席致欢迎词,段正元当场讲自古君相师儒传承道统的历史与精神,以及永久和平的真谛。并赠与会者《大道指南》一册,在座听众陆续发愿拜门者有数十名,后即共同筹议办杭州分社的事情。这就是杭州道德学社成立的由来。

后弟子们租孩儿巷张姓楼房为学社用,又于1923年秋购得大校场西章姓首城土地三亩。至1924年夏,建造西式楼房一座,平房十一间,于10月24日竣工。

新楼房建成后,众弟子又多次恭请段正元莅临讲授道法,并参加杭州道德学社落成典礼。段正元于1926年2月19日由京乘车南下,经南京、上海小住,于25日正午抵杭。

三月初五日上午,举行杭州道德学社落成典礼,段正元后来回忆道:"昔至圣七十而从心所不逾矩,盖以道权在手,即天命在躬。所想的事,即道中应有的事,故天命随之。吾初次来杭州,即想此地湖山雅静,将来可为道中作一休息处所。今诸生尊师重道,努力创成宏大社产,举以归师,在生等为万世不朽之大业,在我适达到当初目的,均可谓天随人愿。然此亦见天道对待流行之妙。北京学社房屋,原系弟子中私人感情,为我私人购置的,我即作为学社公用。今诸生乃合力创建,产业归我,俨如天道报酬,然生等虽情愿将社产归我,我究又何所私? 仍是为道作用,不过主持有人,免去后来许多支(枝)节,亦生等远虑之一也。从此弟子归师,师率弟子归道,道即师,师即道,弟子即师,亦即道。师弟联为一气,即师、弟、道成为一体,亦即是子曰'参乎!吾道一以贯之,曾子曰:唯'的真实学问。推之天下人人,通为一气一体,相亲相爱,大同极乐世界,如斯而已矣。"[①]

1926年5月间段正元再次抵杭,从八月初一起至初九日,连续讲说九天,具体日程和内容为:

八月初一正式开讲。第一日,说"谋事在人,成事在天",其中说了十二弘愿:一愿世界无恶人;二愿监狱无罪人;三愿士农工商无贫人;四愿老安少怀有信;五愿君民上下相亲相爱;六愿真正男女自由平等;七愿中国早日统一,天下早日太平;八愿中外一家,天下一人;九愿无鳏寡孤独、痴聋暗哑、饿鬼穷魂;十愿度尽天下有元仁;十一愿人神合一;十二愿人人知道、行道、乐道。并提出十大法要:

一、先问自己身与心、心与言、言与行能合一否。万一合一之时,又如何能对得起当时后世人之说法。

二、如何能对得起天地鬼神,俯仰无愧之说法。

三、如何能对得起祖宗父母之说法。

四、如何能对得起妻妾后人之说法。

五、如何能对得起知己弟子之说法。

六、如何能对得起维持我,有功苦勤劳真贞弟子之说法。

七、如何能对得起大道生我,天地生万物养我之说法。

八、如何能对得起前圣后圣实行实德启发我之说法。

[①]《从游鉴贞》,选自《师道全书》卷二十,道德学会总会1944年版,第49-50页。

九、如何能对得起有为之群仙诸圣照临我、辅助我之说法。

十、如何能对得起无为贞主宰常化天神天使,暗中呵护我、成全我之说法。

还说到程朱注解《大学》的谬误之处:朱子注《大学》,擅自颠倒经文次序,并改亲民为新民,是对圣经的误解。朱子注《大学》:"大学者,大人之学也,"即与程子谓《大学》为初学入德之门一语互相矛盾,等等。①

第二日,说"仁智评人与人智评人之差别":智有人智与仁智之分。以人智用事,结果必定败坏,即偶然侥幸有成,亦是遗臭万年。若仁智用事,结果必定圆满,纵一时不成,亦是流芳百世。人智所发,多系虚理,理驳千层无定数。仁智所发,即为至礼,至礼一定,而不可移。

第三日,说"善恶终有报,性灵永长存":善恶到头终有报,谁人也占不到便宜。以凡身论,大限来时,顷刻之间,肉化清风骨化泥,什么权位势力、金银财宝、田地房屋、妻妾子女,都带不去。唯有两事,是离不脱的:一者生平所作恶事,孽障随身,杀人偿命,欠债还钱,世世生生不得解免;一者生平所作善事,功德不朽,馨香万代,俎豆千秋,灵魂种子,自在受用。

第四日,"为儒家是非说法":对《论语》"孰谓微生高直"一章和程朱注解《大学》加以匡正,比较说明"亲民与新民的天渊之别":《大学》的"新民"程朱解释为新旧之新,段正元认为亲爱之亲更好,亲亲而仁民,仁民而爱物,实行实德,举国上下,如家人父子之相亲,尧舜率天下以仁,而民从之;孔子为政三月,而鲁国大治,即实现亲民政治之效果。同时,还说《中庸》虚理实礼,说佛家的真幻,说"真与假",等等。

第五日,为圣贤仙佛说法,为士农工商说法;说"敬鬼神以德不谄媚求福"。

第六日,说"贞修持人性与天齐"、"君子不怕人毁怕自毁",提出实行大道的标准:

一、如男女要真正自由平等,必使双方收圆满美满之结果,方得其正。

二、真正社会主义,上下各循本分,不扰民,君民一体,自然相亲相爱,方得社会主义之贞礼。

三、大革命除旧换新。当今中外一切假仁义道德,换为真正仁义道德。凡

---

①《三次大法纲要》,选自《师道全书》卷二十三,道德学会总会1944年版,第7-8页。

假仁义道德者,视为仇敌,自然成己成人之真学问。真问学行世,世界不期而成大同极乐。

四,使人生真乐有四项:不可一日无事,不可一日无闲,不可一日无乐,不可一日不知道。

五、要知道有为无为之贞礼,两而化,一而神。

第七日,说"行天伦保人伦安定世界":人伦之真,即天伦。天伦之真,即所以维持人伦。两者一而二,二而一。世人行之则为二,圣贤行之则为一。

第八日,说"小事糊涂大事精明为贞材",说"智仁勇",说"佛亦有理学道学之分",说"说法须自度,以身作则",等。

第九日,说"罗汉智、菩萨智不如观音智",说"闻法后要造学问、问学功夫"。

法会结束,弟子们即将法语编辑成书《三次大法纲要(草案)》,共五册,段正元亲为写序。这年段正元在杭州道德学社过年节,休息之中述有《三老谈心经》《元圆德道经》及《大悲贞经》。段正元在杭期间,或论道或游湖,精神焕发,游兴颇浓,而湖北与老河口及汉口同仁又迭函电请,遂于三月初七起程返上海。

杭州道德学社于1947年出版了一个小册子《段夫子》,是由都晋奚、王左权、裴伯埙、楼炳良诸先生捐印的。

(二)上海道德学社

1923年10月,段正元在北京讲"大同贞谛",上海有北上听讲者,随后有刘守范、孙仰乔、吴心斋、嘉兴陆静仁、常熟钱顾女士等拜门。南京道德学社成立后段正元前来讲道,上海人士中有凌仲莘、胡志仁、郭级嵌等在南京听讲后拜门,郭级嵌回上海后以"三我法语"为人治病,在上海产生一定影响。

1926年胡志仁、凌仲莘曾随段正元赴杭州参加杭州道德学社落成典礼,甚为感奋,回沪后恳求段正元正式成立上海道德学社。凌仲莘,江苏震泽人,其嗣母张鋆素早年守寡,很能干,她独自做蚕丝生意,将生意所得,于上海塘沽路862号盖二层楼前后进住宅一所。凌仲莘先在杭州入社,其嗣母在段正元到杭州道德学社往来经过上海时得以拜门,即发愿在上海弘扬大道。后有刘守范、孙仰乔、吴心斋、嘉兴陆静仁、常熟钱顾女士等相继拜门,这样上海入社弟子日益增多,于是准备正式成立分社。但一方面限于经济,另一方面又不易找到合适的地方。几经磋商,凌家母子愿将自己的住宅之二分之一,以半送半卖的价格售予学社。在得到常熟、江阴、嘉兴以及沪、杭、宁、汉各处弟子的赞助后上海道德学社于1926年成立。后来,嘉兴、宁波、掘港、崇明、大圩等地先后成立了道德讲学所或阅书室或书社等,与上海学社联为一气。段正元在《大道源流》里说明在上海办道德学社的意义:

"以人情说,上海五方杂处,社会情形极其黑暗,从何说得起道德?然正惟其黑暗,需要道德之光明尤切,亦惟其黑暗,道德尤易放光明。故释迦佛云:我不下地狱,谁下地狱?况上海为中外交通枢纽,果有人推行道德,自然较为便利。"[①]

1928年10月17日段正元在上海分社讲"元圆德道"。

1929年段正元在上海道德学社演讲"圆法",他讲"先天道与后天法的区别",讲"认师求道之心法",讲"为我与兼爱之学说各有流弊",讲"师道立圣贤多",其中最重要的是对"三纲"的解释:

"从前讲三纲,有'君叫臣死,不得不死,不死为不忠;父叫子亡,不得不亡,不亡为不孝'的俗语,实在大错。圣人立法,如日月经天,江河行地,岂有如此专横之理?盖纲即纲领,提天拔地,如网之在纲。论其身能行道,以身作则,方可纲举目张,有条不紊。圣人立三纲,纯是归责于上,非以上压下也。譬如君以治国安民为纲,非暴虐专制为纲。父与夫皆以立身善教为纲,非横施压迫为纲。所谓君明则臣良、父慈则子孝、夫义则妇顺,庶几与纲字之义近之。"[②]

这是对近代以来受人诟病的"三纲"的一种正本清源的诠释,试图改变人们长期以来形成的偏见。

1930年11月初五日段正元在沪大病一场,其间自述《病中自觉自反为己成人语录》,说"此章草稿,因我在病苦中,如死而复生。回思知道、学道、办道,五十余年,时刻未忘师训,总求达到自立济世救人之宏誓大愿,孰意竟无圣者相遇。然希望世界永久和平,救世情急,故在休息中而不休息,借出外游历,寻访知音,以致屡遭危险。"[③]并对弟子现身说法。

---

① 《大道源流》,北京大成书社1939年版,第33页。
② 《圆法》,选自《师道全书》卷三十一,道德学会总会1944年版,第23页。
③ 《大同正路》,选自《师道全书》卷三十四,道德学会总会1944年版,第17-18页。

第三节　山西太原、孝义、河北张家口的道德学社

(一)山西太原道德学社

山西太原道德学社由狄观沧倡导建立。狄观沧即狄楼海,字凤五,山西猗氏(今临猗县)裴家营人。光绪年间进士,民国学者和政治人物。幼年时,启蒙于解县侯村人曲乃锐、曲乃钧(二人皆为举人出身)门下,1900年庚子事件后,因山西烧教堂、杀洋人一度停止开科选士,山西、陕西两省合闱。狄观沧遂赴陕西考取举人。1903年赴京殿试,成癸卯科进士。初在北京任刑部主事。1904年左右,东渡日本留学,在同乡王用宾、刘绵训、张起凤等人影响下加入同盟会。1909年,归国任教于京师大学堂。11月13日,与柳亚子等人组织"南社",为第一批十七名成员之一(当时南社成员多为同盟会员)。1910年,交文禁烟惨案发生,当时狄观沧正在北京,于是就请御史胡思敬参劾,将山西巡抚丁宝铨撤职留任,直接肇事者也一并撤差递革。辛亥革命时期,狄观沧以山西代表身份参加上海会议。南京临时政府成立后,狄观沧任特别宣慰使,调处山西问题。民国元年,狄观沧曾任山西教育司司长,旋又被选为国会众议员。1913年,狄观沧奔父丧丁忧返家。袁世凯阴谋称帝,他愤然于怀。旧国会两复两罢后,狄观沧等部分议员南下广州,随孙中山参加护法运动,任国会非常会议议员。军阀割据中,狄观沧曾追随军阀褚玉璞,为总参议。后曾受聘为陕西大学文学院教授。未几又返山西,复任省议员。1928年8月,受聘为山西大学文学院教授,讲授国文、经学、词章学等。1930年前后,辞去文学院教授职务,与赵戴文等成立道德学社山西分社(社址位于太原南肖墙33号),任社长。继又担任太原绥靖公署参议、山西文献委员会委员。民国二十六年(1937年),返乡养老,次年于家中病逝,终年64岁。[①]

[①]宁新杰:《狄楼海》,选自临猗县政协文史资料委员会编《临猗文史资料》(第八辑),1991年版,第48-50页。

陈尧初在《狄观沧先生讲学录》序中介绍说：

"观沧先生，前清名进士也。民元在沪，相识于豫晋秦陇四省协会。又同为第一届国会众议院议员，时相过从。国会解散后，余以多言获咎，受环境压迫，乃厌弃政客生活，勤求长生不老法门。四年冬，幸遇我师尊，得闻大道。五年国会恢复，曾介绍先生谒谈。六年，国会又遭解散。于是多年不相闻问。十一年，国会又重行集会，先生因精研易道，追寻性命之学，频来学社，亲敬师尊。所谓与佛有因，与佛有缘，此其下种也。十三年，政局倏变，国会亦随之而靡，辗转至十九年夏，先生忽因事过京，再三托余及潘印佛代恳师尊许列门墙，其时，师尊已决定不收门人，因念先生夙昔亲敬原情，特别传授《大学》心法。先生道根深厚，命功进步尤速，三日传两次，归即发愿弘道，旋在太原创办山西道德学社，借讲经方便接引缘人。经介绍，记名入道者达数百人。自是命功益进，有颜子喟然兴叹之感，愈心悦诚服师尊。二十五年夏，余被邀到太原讲经，住学社月余，就师道朝夕切磋，获益匪浅。二十六年春又共游华岳，先生复因便介绍数人入道。孝义同仁亦得先生赞助，成立分社，至今根基稳固，斯固孝义同仁进德修业，日新又新之果实，而先生提倡赞助之功洵不可忘。该社同仁乃特将其生前讲学刊稿汇辑成册，首列先生遗像以资纪念，兼启后学。余甚赞成此美举，因循同仁之嘱，略序其缘由，惟先生深感得力于师尊之命功，故其讲《大学》在止于至善，兼采刘止唐先生人身有至善之地说法，方便引人入于胜，则又读斯录者，所当审知耳。"[1]

这段话比较简洁地概括了狄观沧的一生及其与道德学社的关系。

狄观沧在《山西道德学社开社词》中指出：

"本社主旨，讲习孔孟之学。而孔孟之学……即孔子所谓性与天道者是也。昔尧舜执中，汤武建中，兢兢于此，即《大学》知止。孟子养气，虽不言中，亦无非兢兢于此。盖以养于其中者既得，而后发为喜怒哀乐，乃能一一中节，而无不和。所谓内圣之学也。夫致中和，修身也，而天地位万物育，则不止于齐家治国平天下矣……盖言而世为天下法，行而世为天下则，其于家国天下也，亦不过以修身者，举而措之，而明效立见。所谓外王之学也。"[2]

---

[1]《狄观沧先生讲学录·序》，山西孝义道德学社、北京大成书社1936年版。
[2]《狄观沧先生讲学录》，山西孝义道德学社、北京大成书社1936年版，第1—2页。

这就是说,山西道德学社的主旨是讲儒家的内圣外王之学。内圣外王其实就是儒家的核心内容,是儒家思想天人一贯,内外合道,体用一如,举本统末的全体大用。这种内圣外王一贯之学在今天是中国文化独有的,将来必定会为世界所共宗。可惜,现今学校废除读经教育,莘莘学子,不复知道有孔孟。正因为这样,道德学社讲习孔孟内圣外王之学"一以宝固有之珍,一以补当世之缺"①。

在《山西道德学社成立大会演讲词》中他说:

"本社定名为道德学社,一般揣测,非涉神奇,即骛高远。现在开社之始,版本略为解释……道者,到也。德即得也。譬于事焉,心费到,力行到,事办到,而又处处有礼,无不周到,对于此事,面面俱到,即为合道。因其合道,而此心安闲自得,故谓之德。宋儒以行道有得于心为德,亦此意也。一事合道,一事自得,若事事合道,即无入而不自得,此其境也地,已超贤入圣矣。是虽至平至常,而至神至奇者,不能外焉。至卑至近,而至高之远者,亦由此基焉。此本社定名之微旨也。"②

1934年秋祭孔之后狄观沧在山西道德学社做了讲演,主要谈了两点:一、孔子之学源于老子,是为儒道同源。不过老子法先王,重天道;孔子则法后王,兼重人事,所谓尽人合天之学。自唐以来,儒者率多文章之学,不知性与天道之真,于是辟佛兼辟老子,数典忘祖,不可不辨。二、孔子继周衰而为素王,是为君师分统……孔子以匹夫而设教杏坛,弟子之多,至三千人,且删《诗》《书》,订礼、乐,因鲁史作《春秋》,俨然一王之制。后人以其不有天下,但垂师统,故拟为素王,实即所谓师道。③

他作《先师孔子圣学述略》,对孔子生平事迹和圣学基本思想做了概述。

在《古本大学经文讲义》中他把段正元讲《大学》和刘止唐的《大学恒解》结合起来,认为大学之道,圣人所以陶成天下,使咸为圣贤,无愧天亲,而其本则修身而已。④

1935年,狄观沧在山西道德学社讲《中庸》中的"仲尼祖述尧舜,宪章文武"

---

① 《狄观沧先生讲学录》,山西孝义道德学社、北京大成书社1936年版,第3页。
② 《狄观沧先生讲学录》,山西孝义道德学社、北京大成书社1936年版,第3-4页。
③ 《狄观沧先生讲学录》,山西孝义道德学社、北京大成书社1936年版,第5-6页。
④ 《狄观沧先生讲学录》,山西孝义道德学社、北京大成书社1936年版,第20、27页。

全章经义,认为此章将圣学渊源及圣德化神和盘托出。道贯百王,学综三才,以天地四时日月形容圣人在己之性量,以见圣人德与天地合。①

1936年狄观沧讲《论语》中的"孔子曰君子有三戒"全章经义,认为此章是孔子教人复性之实功,由后天以复还先天,然后血气之欲,皆归于义理。②

在《大道源流》一书中段正元是这样介绍山西道德学社和狄观沧的:

"山西道德学社胚胎于民国二十二年癸酉,有前清进士狄观沧年六十余,身体羸弱,痰咳甚厉。经潘印佛介绍入道,拜门执弟子礼,求却病延年之法。我当传以大学明德、亲民、止于至善,定、静、安、虑、得性命双修,成己成人之道,伊尊师重道,谨守奉行。不数日,公然病去喘息,身体康强,精神健壮,因之发愿弘扬师道,并介绍许多亲友入社。元气愈厚,伊志愿愈大。复于二十三年甲戌春来北京,恳求我大道照临,保护山西治安,并愿尽己之力为联络各界人士在太原设立道德学社。我以为大道无私,善与人同。彼既具义勇为,救世念切,遂许之。伊回太原即努力组织,果于是年夏五月成立山西道德学社。开社之日官绅商学各界前往参加者不下千余人,我虽未亲临主持,然社内同仁实行规则:(一)孝顺父母,(二)尊敬师长,(三)亲睦戚族,(四)信义朋友,(五)调养精神,(六)谨言慎行,(七)忠勤职业,(八)敬礼神明以及德业相劝,过失相规,患难相恤等等。行之一年,山西全省平安无恙。全体社员因之特开成立周年纪念会,刊有《山西道德学社成立第一周年纪念丛编》。丙子(1936年)夏,恳请我去讲道,我无暇,特派陈尧初前往讲学,所有讲义亦刊入《纪念丛编》。由是道德之气,蒸蒸日上,二十六年,三周年纪念,又梓行《经义录》一册。"③

这就可以看出狄观沧办山西道德学社的前因后果,与其他地方的道德学社比较起来,山西道德学社的特点在于,狄观沧是一位学养深厚的学者、政治活动家,在传统文化和儒家思想上有很深的造诣,所以太原道德学社在讲学传道方面具有较高的学术水平。

---

①《狄观沧先生讲学录》,山西孝义道德学社、北京大成书社1936年版,第30页。
②《狄观沧先生讲学录》,山西孝义道德学社、北京大成书社1936年版,第37页。
③《大道源流》,北京大成印书社1939年版,第49页。

(二)山西孝义道德学社

山西道德学社孝义分社发起者是侯右诚。他出生于1892年,享年108岁。他对教育事业贡献突出,因此成为中国教育界的模范人物。据《侯右诚自传》记载:

"孝义道德学社成立的缘起,是由于1934年秋,经友人吴庭荣把北京道德学社原创办人段正元师尊所著的《大同贞谛》介绍给我,我阅后,我觉得他的宗旨完全是大同主义,讲的是创造世界大同的道理,与其他劝人为善的会道门不同,从此我便起了羡慕的信念。1935年夏,我去河南办理铺事,办毕返里绕道北京,经乡友孟子蘅介绍,即参加了道德学社。听了段师尊数次演讲,使我心中开始有了做人的方向。于1936年夏,偕同张少房老先生前往北京参加段师尊的寿辰纪念,恰遇晋南猗氏县狄楼海先生(清朝进士)亦到北京,同时提倡祈祷世界和平(他是太原道德学社的副社长兼主讲)。他厌恶政治,走了避世的道路。因为山西参加道德学社的人很少,我们与他见面后,说起我们亦愿提倡道德事业,他很赞成。于是我们返县后,即联络地方各界人士,发起成立道德学社,以作办理社会事业的基础。因当时部分知识分子感到政治腐败,封建剥削与统治的社会黑暗,亦有使人存心向善,提倡道德,挽救人心的愿望,所以一听道德学社是一个提倡道德的团体,都极表赞同。……故在当年秋天,便成立了道德学社。"[1]

据侯右诚儿女回忆,父亲对《大同贞谛》特别喜爱,深入研读,形成了追求大同理想的坚强信念,这种信念对他一生的行为产生了巨大的影响。研读《大同贞谛》可以说是他人生的转折点。孝义道德学社主要由侯右诚和焦延甫出面倡导成立,因为侯右诚和焦延甫在地方上颇有声望,所以一经提出成立道德学社就得到许多人响应,很快成立了。[2]

最初成立的时候没有地方作为社址,暂时借用北门街张猷的东房三间,邀请狄观沧来孝义讲演道德挽救人心的意义。大家推狄观沧为名誉社长,冯季重、焦延甫分别为正副社长,张少房、孟伯寅为正副主讲,侯右诚为事务主任,张建亭为文书主任,李邦达为会计主任,任星海为交际主任,规定每月初一、十一、

---

[1]郭庆龙主编:《风范长存》,1999年版,第79页。
[2]侯兆勋、侯润梅:《精诚所至铸丰碑——侯右诚百年人生》,远方出版社2005年版,第41页。

二十一为全体社员礼圣讲经之日,当时主要是每逢礼拜研读、讲解段正元的著作。学社除了编辑印刷《狄观沧先生讲学录》外,还翻印了北京道德学社出版的《名实相符》等发给社员学习。孝义道德学社的宗旨有四:阐扬孔子大道;实行人道贞义;提倡世界大同;希望天下太平。它的目的是:实现天下为家,各国平等,真正世界大同,人人自由。入社手续是:①由社员二人介绍,②交纳入社费五角,③自愿担任月捐,以作经费之用,④建筑临时费用自由赞助。学社成立的第二年即1937年,就集资在孝义城里西沙姑巷购置地址修建房屋五大间。1938年10月18日经北京道德学社总社同意,更名为"山西孝义道德学社"。经过三、四年的苦心经营,1940年居然建成礼堂、讲堂以及文书、会计、事务、交际各室、教室十余间,还有简易的花园、亭池,"从此,道德既具,德基已立,孝子祠旁,义虎亭畔,蔚然为道德之修养所"①。社址建筑落成以后,学社特别举行了落成典礼。当时社员已达1800多人,参加大会的有全体社员及有关社会人士。北京总社及南京、天津、上海、保定、杭州、成都、重庆、随县、应山、张家口、汉口、奉天等地分社都发来贺信或题词。侯右诚在大会上作了总结性的讲话,对孝义道德学社的成立、建设、发展情况做了详尽汇报。②

　　1938年春日寇入侵孝义,四处抢掠,弄得鸡犬不宁。学社负责人冯季重、焦延甫不得已去外乡躲避。侯右诚因为母亲年老、孩子幼小,只得在家里支持着。由于日寇骚扰,地方混乱,许多儿童失学流浪,吵闹打架。侯右诚和杨礼周看到这种情况,即商量在学社内筹办临时儿童讲习班,借以避免儿童受日本奴化教育。敌伪在孝义虽然盘踞三年,但道德学社办的儿童讲习班的教员、学生始终没有欢迎过日本人一次,也没有参加过敌伪召集的会议。因此,很多人都说道德学社是孝义的一片净土,不约而同送孩子来讲习班学习。由于学生一天一天多了起来,引起了敌伪的疑忌,其借故屡次摧残。但道德学社同仁为了保存中国文化,始终没有屈服,此举也得到了地方各界爱国人士的大力支持。随着学生的增多,校舍不够,要修建房屋,许多热心人士捐钱捐物,许多工农群众自愿出工出力建造学校,社里员工、学生也都搬砖运土,参加劳动,这样不到三年,新建教室宿舍一百多间,为以后发展为"尊德中学"奠定了基础。

---

① 侯兆勋、侯润梅:《精诚所至铸丰碑——侯右诚百年人生》,远方出版社2005年版,第51页。
② 详见侯兆勋、侯润梅:《精诚所至铸丰碑——侯右诚百年人生》,远方出版社2005年版,第44-48页。

(三)河北张家口道德讲学所

1921年张家口道德讲学所成立。《大道源流》里如此记述:"大道之变动不拘,原本无方无体,故至圣欲居九夷,或曰陋。子曰:'君子居之,何陋之有?'南京同学义亭、鼎九、时中、焕章等移驻张家口,其时义亭任旅长职,鼎九为都统署副官长,发心在塞外地方弘扬大道。民国十年春,恳请在该处办一分社,我初未之许,因感其屡请诚意,四月间乃派尧初前往讲学,租马王庙内住房成立一讲学所。成立之日,官绅学商各界均到会赞助,而其一切经费,则悉由同学发愿担任,并未向任何方面劝捐分文。此即道气施及塞外之先声。"①因当地诸弟子诚心邀请,1925年正月二十四日,段正元率陈尧初等三人于早上七点由北京道德学社起程,至西直门火车站乘车赴张家口,在京弟子都到车站送行。午后三点左右车到张家口,早有数十位弟子在车站侯接。随后直达住所。②

段正元在张家口讲道数次,入社拜门者有数十人。1925年正月二十八日讲"神奇与术数皆非大道",讲中国儒释道三教为天地的精气神三宝。三教中以儒为席上珍。儒教虽名为教,实际上是至平至常而又至神至妙的大道。他说:予"自来讲道,诸教不辟,不分种族、中外及教界,凡诸教中尽善尽美、行之圆满无亏者,惟儒教为然。且现世乐利人群,贞正得自由平等共和,尤非奉行格、致、诚、正、修、齐、治、平一贯之儒教不为功。"③

演讲之后,三十日拜门入道者有数十人。二月初一上午段正元等乘快车回京。

---

①《大道源流》,北京大成书社1939年版,第21页。
②《从游鉴贞》,选自《师道全书》卷二十,道德学会总会1944年版,第47-48页。
③《周一》,选自《师道全书》卷二十,道德学会总会1944年版,第2-3页。

第四节　奉天、天津、徐州、宿迁的道德学社

(一)奉天道德学社

奉天省为清末民国省级行政单位之一,简称"奉",省会奉天府(今沈阳市),辖境为今辽宁省以及内蒙古、哲里木盟一部分、吉林省西南一部分。

1929年冬天,呼兰各县学道人士,因天灾人祸迭起环生,于是以好道的初心、亲亲、仁民、爱物的至诚,有意在奉天省城建立道德学社。奉天官绅极力提倡,北京道德学社派人前往奉天,一起寻找地址。1930年春,租下小东关小津桥同兴店胡同八十二号为社址,筹备数月,于夏历四月十三日举行成立典礼,公推铁锽为社长、黼卿为副社长、云凌为总干事。成立典礼举办前,奉天官绅函电敦请段正元莅临奉天主持,段正元遂派陈尧初代表他前往。成立以后,又公推代表,手持公函,来京恭请段正元莅临奉天讲道。于是,四月底段正元由京赴奉天。五月初一段正元即开始讲道,两日三次,听讲者不下千人,随后拜门执弟子礼的也有数百人,所讲内容后编成《道与仁同》一书。

奉天道德学社成立之后,社内外一切事务,都由当地弟子负责办理。但到1931年,由于形势变化,宣布停办。

(二)天津道德学社

段正元在《大道源流》中自述天津道德学社成立经过时说,在天津道德学社成立之前,他就想在中国各大都会商埠成立道德学社了。天津距离北京二百多里,为中外交通要津,北京的门户,如此重要地方,又是他入京旧游之地,无论时间早迟,一定会有人出来提倡办理道德学社。1927年果然有刁佑民来北京道德学社拜门学道。回天津后,刁佑民设立了一个道德书籍阅书室,北京道德学社赠送给阅书室《道德和平》《道善》等书。中国化学工业社天津经理潘云路好道心诚,这时听说有人在天津办道德阅书室,非常高兴,遂在阅书室附近租房一间,作为大家研究道德的地方。接着,马培贞等也到天津聚会,共同商讨进一步

办道德学社的办法,准备将阅书室扩展为讲学所。这年秋天,适逢段正元南游讲道路过天津,天津弟子们随即迎接他到阅书室讲道。段正元觉得天津道德学社即奠基于此,就对他们说事不怕小,只要大家志向坚恒,终必发达。他们听了以后,很受鼓舞,各自发起勇猛精进之心,同时又陆续有多人来拜门,并请求与段正元合影留念。从此以后,凡段正元应邀讲学或外出游历,只要经过天津,天津弟子们一定邀请他讲说经法。

1931年天津同仁又邀陈翰香去天津襄办事务,1932年开始供奉大成至圣孔子牌位。因时事变幻,办社地点不定,先是迁到法租界老聚康,再迁到老西开宝祥里,再到居廉士里培英楼,都因为房屋狭小,不适合办事而作罢。不得已之下,弟子们只好请求段正元指示。段正元于是告诉他们无论何事,只要不用公家钱,不占国家地,不募一文捐,纯由各人的精神能力去办,成功则功归于天,不成功则过归于己。这样无事不可了,无事不可成,让他们与其他弟子一起集思广益。最后弟子们商定在法工部局备案,定名为"道德讲道社"。

1933年秋天,上海、杭州、汉口各处弟子请求段正元南游讲学,路过津沽,天津弟子们欢迎段正元去"道德讲道社"讲道。段正元感觉天津学社有发达之象,就告诉弟子们:"尔等果能有恒不怠,日新又新,自有缘人来维持。"[1]果然第二天就有三十余人来拜门,并发愿弘道。之后,同道们又介绍魏亭岑等先后入社,改租明焕里六号为社址,更名"道德研究室"。

1934年秋,天津弟子们恭请段正元莅临天津,为消除天灾人祸,使人人相亲相爱相扶持,天下太平,世界大同说法。从初八日起至十一日完成,南京、上海、杭州、汉口各社都有代表到天津来听法,由弟子记录编辑出版《天津说法草案》。大致内容是:八日下午讲"笃恭而天下平之人格",提出笃恭而天下平之人格为以下十条:

一、修身无嫖、赌、烟、酒一切嗜好。

二、齐家无阴谋、无压迫、无勉强之劣迹。

三、见财不贪。

四、见名不受。

---

[1]《大道源流》,北京大成印书社1939年版,第48、43-45页。

五、见色不迷。

六、读古人之书,不被古人所愚;学今人之学,不为今人所惑。

七、各处设坛讲经说法,编辑成书者,有数百种,不但可为一时法,并可为天下万世法。

八、凡事立终始行,不分国界,不分种族,不辟诸教。

九、诸事求革故鼎新,改过求日新又新。

十、凡为人谋成己之道,为己谋成人之美。①

初九日讲"天津为北平之门户说法",说明天津是北京的门户,若想世界大同,必先将门户打开,我今来此说法即是将大门打开,从此可望中国统一,万邦协和,世界大同,人人享道德幸福。此次天津说法为将来说大法的准备,也可以说是将来说大法的缘起。②

初十日讲"《大学》《学而》为成道了道之经法",指出《大学》乃大道元气集合而成,其中有智仁勇三达德、精气神一贯之义,有先天性功入世成身之道、后天出世了身之法。《论语·学而》首章的"而"字有实义,即栽培心上地,涵养性中天。在先天言,天地万物,俱从而起;在后天言,万事俱由而成。

十一日讲"乱时立一功可当平时万分德",以表达救世渡人的愿望。

十二日给弟子传功"人身灵明窍即天上北辰宫",指出天上有北辰,人身也有北辰。天上北辰不可见,见七星,七星所拱即北辰;人身北辰不可问,问七窍,七窍所拱即北辰。让弟子们实现天人合一的修炼。

十五日讲"实行笃恭自然增福增寿",指出如果修成笃恭人格,不用一兵一卒,天下自然太平,且自己可以增福增寿。

1935年春,买得法租界三十三号路广德里房屋一所,天津道德学社乃正式成立。

此外,1936年、1937年、1938年段正元还多次应天津弟子邀请前去讲道说法。

---

① 《天津说法草案》,选自《师道全书》卷四十二,道德学会总会1944年版,第43-45页。
② 《天津说法草案》,选自《师道全书》卷四十二,道德学会总会1944年版,第48页。

(三)徐州道德学社

民国十四年(1925年),杭州道德学社弟子陈铭阁因公务到徐州。陈铭阁,字守谦,号寿乾,河南正阳人,毕业于保定陆军速成学堂第一期炮科。陈铭阁当时系政界要人,颇有号召力和影响力,同仁等得知道德学社弟子陈铭阁来,有数十人相约云集徐州。陈铭阁热心弘道,看到大家这么热情,以为是弘道良机。经过多次商议,其与当地官绅商学各界代表共同发愿,请示段正元后开始筹办徐州道德学社。后在当地军界领袖陈司令、地方老绅士韩孝廉的协力赞助下,徐州道德学社在户部山成立。

1926年3月,段正元在郑州、开封一带讲道,适逢徐州道德学社成立,徐州军政界弟子及地方官绅迎接段正元到徐州,随后举行学社成立典礼,并讲道数次,发愿入门者百余人。后又应当地官绅邀请在徐州总司令部及教育会各讲演一次,后来弟子们编有《徐州讲道录》一册。

第二年,因时局变迁,徐州道德学社停办。

(四)宿迁道德学社

宿迁道德学社大约是在1932年由杨明德张罗成立的。杨明德,睢宁人,木匠,后改名杨道一。当时张秀英她们家有四顷地,算是大户。杨道一对她们说要办道德学社,张秀英的奶奶首先响应,于是大家凑钱在宿迁北城外买了一个小院,又在后面盖了楼房,礼堂供上段正元像,宿迁道德学社就算办起来了,社员有二三百人。每"三一"日(农历每月初一、十一、二十一日)至少有几十个人聚在一起,如逢四月初一、太极纪念日等则有上百人来聚会。

第五节 河南、陕西、湖北、四川等地的道德学社

（一）河南道德学社

1.荥阳道德学社

1925年河南荥阳道德学社成立。《大道源流》这样记载："常言莫之为而为者天也，莫之至而至者命也，我学道办道，出外寻师访友，经验阅历六十余年，见有在通都大邑想办一事，费许多心血而不能成功者，有在偏乡僻壤、村庄集镇公然成事，名驰四远、为邻封所属望者，真是成事在人。即如河南荥阳汪沟道德学社，当初（汪）恭臣、昆仲拜门后，即发愿弘扬师道，各处介绍亲朋入社，并将自己住房划分一部，作为成立讲学所，研究道德之用。氾水史村镇（张）子万，亦是划拨自己住房，成立讲学所。斯二处，皆在乡村地方，而竟办成道德事业。讲学所成立后，时局虽屡经变乱，而该地均危而不危，且获得意外之平安，足证有个莫之为而为，莫之至而至。因此该所弟子，又协同郑州、荥阳、河阴、氾水、荥泽等县同仁，商议筹办道德学社，自出钱，自出力，建造房屋，保全地方，并不向任何人募一物、化一文，未几学社落成。"[①]

1928年春，段正元在汉口过完寿辰，汪沟道德学社弟子联合郑州、荥阳、河阴、氾水、荥泽等县弟子，恭请段正元趁返回北京之便，莅临该社讲经说法。段正元遂决定于四月初五去汪沟。四月初七到汪沟，当晚段正元以孔子"先进于礼乐，野人也；后进于礼乐，君子也。如用之，则吾从先讲"一章为题讲经说法。这里原是道德讲学所，这时弟子们请求段正元正名为"荥阳道德学社"。段正元以河南为古代中州之地，河图、洛书已呈符瑞于数千年前，今既有多人求道，安知不放异彩于将来？遂允其请。

1926年，多地道德学社弟子请段正元讲学，在三月中旬由京南下过郑州时，荥阳道德学社弟子同上蔡各县代表恳请其前往讲道，于是段正元于三月十五日

[①]《大道源流》，北京大成书社1939年版，第36页。

重游该社,讲道一堂。后来,因时局关系,该社停办,只是社员个人以道自修,砥砺实行。

2. 郑州道德学社

郑州道德学社坐落于二七路杏花里。社员租一个小院,其中在郑经商者以住社为多。50年代学社转为私立中和小学,教师多为原社员子弟,共九人,学校由三个班增加到八个班,因教学质量高,深受周边群众好评。

3. 正阳县道德学社

据《正阳文史资料》第二辑《道德学社梗概》一文介绍,1941年,经正阳县政府同意,并报请北京道德学社批准,弟子们成立了正阳县油坊店贺高楼道德学社。后来在正阳全县发展起来的与道德学社有关的机构有:正阳县内北大街道德学社、汝南埠彭连升处大成书社、汝南埠董香斋处大成书社、汝南埠黄化仁处大成书社、汝南埠河北大毕庄毕春亭处大成书社、邱店胡国祥处道德学社、岳城王行仁处道德学社、同中王会初处道德学社等,全县参加学社的共有三千余人。

凡参加道德学社之人,除恪守学社宗旨、教纲之外,还要正三纲(君为臣纲、父为子纲、夫为妻纲),明五伦(君臣、父子、兄弟、夫妇、朋友),行八德(忠、孝、仁、爱、信、义、和、平)。三纲之中加一师弟大纲,五伦之中加一师弟大伦,八德之中加一师弟大德,此为四纲、六伦、九德。

正阳县北大街道德学社成立于1946年,负责人初为贺月亭,后为鲍纪堂。学社房屋共有十间,有朝南正房三间,明间安放师尊牌位,西间挂有木制黑板,作为学习时公布讲题及要点用,东间作接待来访用。正房西门朝南的两间作炊事房,临北大街面西的三间和南头两间开设中和药店,济世救人,收入用来补贴学社费用。北头一间作库房及男同学住室。药店由胡达天负责,诊病开方,接待患者。

正阳县北大街道德学社由社长总揽全社事务,并负责对外联系,下分设四个组:一、总务组。组长王自敬,1947年入社;二、会计组。组长胡仲三,寒冻西北十五里大韩庄人,1947年入社;三、文牍组。组长王鼎青,寒冻西北三里万庄人,1947年入社;四、学习组。组长胡达天。该社每月组织学习三次,时间为初一、十一、二十一日。

1949年3月,正阳县解放了。正阳县北大街道德学社将房屋、用具、图书全部点交给正阳县人民政府接收。正阳四乡的道德学社,也与当地政府办理了交接。

该文最后还附有弟子们编写的歌词:

尊师重道歌

我们贞师段师尊。幼遇龙元祖,峨眉亲传薪。转青城,得全贞,见性又明心。秉受太师命,大声唱亲民。设坛说大法,传道给门人。三我一贯黄通理,万教归儒门。上天与大地,惟我师独尊,讲人道,行天伦,太上一元仁。道法与天齐,笃恭化灾氛。天下立学社,中外渡缘人。大慈大悲,救苦救难,救世贞主仁。

弘道救世歌

师尊办道六十年,只手挽狂澜,愈挫志愈坚。齐大家,正经典,勋业昭人天。戌午说大法,万教定指南。宗旨阐孔道,教纲分六端,道德和平,救世救人,苦口不惮烦。己卯忽退隐,弟子失凭依;每周年,纪念期,同仁宜努力。二次大战起,誓愿永勿渝,大家团结起,挽救莫迟疑。遵守遗训,完成素愿,一心奠道基。

弟道归元歌

(一)

我同仁,遵师教,道即师,师即道,至诚默观师法相,心交气交与神交。明心见性师光照,道法并行开心窍。与师尊同归一元,得永生共乐逍遥。

(二)

我同仁,守师戒。不贪财,不迷色,秉赋难移期必移,习惯难改期必改。私心杂念立地克,男信女贞全人格。无我见烦恼消解,归极乐永登天国。

(三)

我同仁,行师尊,出则弟,入则孝。实行爱身并爱家,爱国推及爱天下。亲亲仁民而爱物,勤职业修心术。本勤俭自强不息,贞精神贯彻到底。

4.二里头村道德学社、偃师县道德学社

二里头村道德学社坐落于村之东部,大院内全是两层楼房,房间约有数十间。二里头村约有三千户人家,大多数姓王。凡王姓者,基本都是全家入社。王干卿是二里头村人,家有二十几亩地,原在陕西周至经营,后弃商一心办道德学社。

偃师县道德学社坐落于县东槐庙镇,有一个大院,正房五间,宽大敞亮。此外,另有房数间。

5.巩县蔡庄道德学社

该社系蔡庄人康裕如所办,成立于1944年。后来蔡庄道德学社发展到一百余人,多数是蔡庄人,少数是附近村村民,多为中老年男女。分社既不收社员入社费,也不向社会各方申请捐献帮助,所需财物皆由社员自愿捐献,多少不限。学社占用瓦房十间许,土窑五六孔——都是该村社员冯吉甫捐献。分社室内正中桌子上竖立一块牌位,上写着:大无为无所不为太上元仁世尊笃恭救世贞主仁位。开会时不烧香,仅在牌位前肃立,三鞠躬,接着由学长讲述孔子所倡导的"己所不欲,勿施于人","己欲立而立人,己欲达而达人"的忠恕之道以及功用。特别强调父慈子孝,兄友弟恭。男女社员多能按照规定每月农历初一、十一、二十一日来开三次例会,听学长讲道。附近非社员都可随意来听。如学长有事或他往则由其他有学识的社员代讲。分社附设义学一所,不收学生学杂费,有贫苦学生三十多人,教师一人,为蔡庄道德学社社员,老井沟人康敬业,他教了两年没要报酬。如请教师为非社员,则薪水由社方负担,也不收学费。所教课程除按国家部颁初小规定课本教学外,每周加授学道须知(系总社编印)一小时,内容分四个大纲:(1)阐扬孔子大道;(2)实行人道主义;(3)提倡世界大同;(4)希望天下太平。

建国后学社便瓦解了,所用房屋也于土改时分给人民居住了。

6.巩县站街道德学社

该社由巩县站街人钟泽普独资筹建,这在道德学社创办史上是罕见的。钟泽普大约出生在1905年,家中土地不多,他在洛阳、西安经营布匹生意,受康裕如影响读道德学社书籍而尊师重道,虽是商人却能舍财办道。1932年河南大旱,民不聊生。最后康拿钟借的钱和钟自己的钱放赈救灾,乡亲们无不感恩戴德。后来,钟泽普在自家的土地上建房办道德学社,有礼堂、配房,所用各种款项全由他一人承担,名曰"站街道德学社"。

(二)陕西各地道德学社

1.周至县上阳化村道德学社

据上阳化村小学教师王继宗撰写的回忆录[①],大约在公元1936年夏,北京道德学社社师段正元来陕西东部华县道德学社讲道。秋天,华县道德学社成员孙绳仙来周至县上阳化村,发展私塾教师虎祖元加入了道德学社。此后,虎祖元白天在他家私塾教学,晚上在这所私塾里为本村村民念段正元的书籍。1937年春,听讲者中有人提出:"咱们也建立一个道德学社吧!"此话一说出,大家一呼百应:"行!我们都赞成!"上阳化村道德学社随即成立。

上阳化村道德学社成立后,其他村知名人士陆续加入,哑柏街的生意人康泰通、康泰峰、田新全、校俊山、万怀学、任志荣等也陆续加入。周至县西所有乡镇及县南马召乡,县西南广济、翠峰、竹浴各乡,县东高庙乡这些乡的各村,黑河东司竹乡的龙首村等,都有村民前来参加上阳化村道德学社的,人数有二三百人之多。

上阳化村道德学社发起阶段在虎祖元私塾内,1937年正式成立以后则以本村太白庙中殿三间和东道房为社址。中殿三间用墙隔为两部分,东边一间为礼堂,悬挂段师尊像,像两旁悬挂条幅对联:"归元增福寿,护道参地天。"西边两间供开会、讲道用。东道房作为道德学社灶房。学社的宗旨是说人话,做人事,完人格,救国、救民出火坑,实现世界大同,希望天下太平。

1945年道德学社新址盖成,坐西向东,虎祖元家捐地、捐树,树由社员从山里扛回来。后殿三间为礼堂,中间悬挂段正元像。对联仍然是"归元增福寿,护道参地天"。北边一间挂太上老君像,南边一间挂孔子像。学社盖起后北京陈汉香学长、速记员谢铁书曾来此讲道。

在上阳化村道德学社的影响下,哑柏、马召、槐花等村先后盖了房,办起了学社。这些地方的条件有的好些,有的比较简陋,都成为人们学习传统文化、提升道德修养的教化场所。

[①] 王继宗:《上阳化道德学社概括》,选自韩星主编《西安中和书院通讯》第二期,2006年(内部资料),第19—22页。

上阳化村道德学社在1949年前还办过两次戒烟所,第二次一直延续到1952年。戒烟所白天由虎祖元给鸦片烟民讲课,从精神上戒除烟瘾,晚上由虎祖元等配制一种药叫烟民服用,从药物上戒除烟瘾。其作用:上阳化村附近十里路的大部分烟民都戒除了烟瘾;上阳化村从1949年起30多年没有买卖和抽鸦片烟的人。戒烟所对联:一支烟枪杀尽天下英雄不见血,半盏明灯烧尽房屋田产无有灰。

上阳化村道德学社在1949年前还办过中和小学(解放后停办),教师均为学社成员,学生均为方圆十几里的社员的子弟,师生都是自己从家拿粮,老师不挣钱,只尽义务,校工也是如此。

不管是道德学社也好,中和小学也好,戒烟所也好,所有人员都是抱着救国救民的志愿纯尽义务。

2.周至县道德学社

1939年虎祖元与马道平、康泰峰、史明直、雒德贤、李步云等在周至县城成立周至县道德学社。虎祖元任理事长。

虎祖元在周至县道德学社任理事长时,常在康裕如陪同下去西安、宝鸡、陇县、虢镇、华县、洛阳、巩县、郑州等地的道德学社交流讲学,深受同仁欢迎。

3.西安道德学社及国学讲习所

据西安市二十三中退休教师、曾任陕西省传统文化研究院办公室副主任的康效甫老师回忆,大约在1946年春天,他来西安随父亲康裕如住在西安道德学社。当时道德学社办的"国学讲习所"已经在西安挂牌成立,记得牌匾上有"省政府备案"的字样。学员大约有60余位,大多数是从陕、豫、晋三省来的社员子弟,以青壮年居多,也有少数十几岁的小孩和50岁左右的大人。还有十多位在社家属以及从周至县来的女社员,负责日常饮食。讲师由社员中德高望重、学识渊博者担任。如华县的孙绳仙、雷沛亭(省政府秘书)、山西的张居仁(任会计)、周至的虎祖元诸位学长,以及他的父亲康裕如(兼学社董事长)。学社聘请虎祖元担任主讲,系统讲解四书五经以及道德学社书刊,同时也临时聘请西北大学教授来讲解《易经》及《古文观止》中的文章。由于学员全部吃住在社内,因此读书氛围很浓,早晨要早读,晚上还要自习,按照虎先生讲的章节,不停地读讲背诵。午饭后及晚自习学员还得写大小毛笔字和记日记或写作文,皆由虎先生批阅、讲评。

康效甫的父亲康裕如的老家在河南巩县,其在陕西周至经商,曾购义地二十亩,作救济穷人之用。康裕如于1936年经华县孙绳仙介绍加入道德学社。康裕如长住西安道德学社,多次奔波于北京、山西、武汉、宝鸡、陇县、周至、华县、洛阳、郑州、开封、偃师等地,在这些地方先后推动成立道德学社24个。

1947年,北辰楼在西安道德学社内落成,学员住读条件更好了。每到星期天,讲习所停课,但学员不放假,学社向社会开放,由学长们轮流向公众及社员发表演讲,称为"讲道"。学员大搞卫生,布置会场,并分别担任签到、茶水招待等工作。每月的初一、十一、二十一被称为"三一自修日",学员都来学社大礼堂,向至圣先师孔子、孟子、老子的画像以及段正元像及木牌位行三跪九叩礼。这之前要求学员"三一日"斋戒(当日素食)、沐浴、行礼前净手。社员入社比较自由,有社员介绍,承认入社大纲,愿守"社员十行""社员十戒",自愿认捐并在师尊牌位前行九叩礼,然后登记入册,即可成为社员。有许多父母、子女、夫妇、兄弟、姐妹同时入社。

西安道德学社最早建于柏树林街西侧,抗战胜利后迁至案板街北口的武庙街,即现在的新城区西一路少年宫。大门口有两个小石狮子,大门内两旁有传达室和茶水房。穿过两边大圆砖门,中院有东西厦房四间可以作教室,向北为大过厅,即讲习所讲堂。两侧有四间小耳房,为各学长分住。过厅与北辰楼之间为第三个小院,有东西二层小楼一栋,下面为灶房和储藏室,上面住有女社员。中院过厅房脊上有铜铸"中"字,取"致中和"之意。院中及讲堂多布置有"学道须知十则""社员十戒""社员十行"等标语牌,以及一些联语,如:

道在日用伦常之中,学以变化气质为上。

诸恶不作,众善奉行。

勤职业,修心术。

天行健,君子以自强不息。

谨守公理国法。

该市广济街一位社员,是铜匠铺的掌柜,曾热心道德学社事业,赠给讲习所学员每人一只铜墨盒和一对铜戒尺,祝大家"人人成为君子,个个志在圣贤"。

1949年5月,西安道德学社及国学讲习所停办,学员大都走了,也有的留在西安继续开办中和小学。虎祖元在小学内改教珠算兼任学校会计,康裕如仍兼任中和小学董事长,直至全市私立学校都转成公办,中和小学改为西一路小学为止。

4.宝鸡道德学社

宝鸡道德学社于1943年由康裕如发起,张韶先、张子才等人负责筹备,一面募捐资金,一面请西安道德学社的学长虎祖元、孙绳仙等人讲学,扩大影响。同时,申请县政府登记备案。经批准后在宝鸡中原巷购买地皮,修建礼堂、宿舍、灶房。宝鸡道德学社于民国三十四年(1945)七月正式成立,社员们推举张子才为理事长,康裕如、王柏起、虎尧卿、容静轩、孙绳仙、姚子厚、张韶先为理事,主持学社事务。学社推崇儒学,宣传道德,以"三纲五常""五伦八德"为信条,以孔孟之道修身齐家,力图挽回世运。学社内倡导互相维护,排难解忧,募捐经费,扶厄解困,兴办慈善事业。部分绅士和工商界人士等受其影响,纷纷加入,社员达数百名。

凡自愿加入学社的,要交记名费,在学社礼堂段正元牌位前行三跪九叩礼,发愿立誓,然后发给一本北京总社印的《学道须知》和段正元亲自写的《三我》《三我立道》等小册子,自学修行。

宝鸡道德学社在每月的农历初一、十一、二十一这三天举行集会,社员自愿参加。学社礼堂内不设神像,只供奉一个牌位,上写"大无为无所不为真主宰段正元师尊之位"。社员在段师尊位前行三跪九叩礼,焚香化表,或听讲道,或坐在一处自行学道。有时请外地学社的人来讲道。

1947年,宝鸡道德学社兴办了中和小学。开始时学生不多,且多为社员子弟,学习内容主要为《弟子规》《女儿经》《中庸》等。后来其他孩子也纷纷来校上学,遂逐步发展扩大为一所正规学校,设五个班,学生二百多人,有八九个教师,教学内容也有更新。本着"不用国家一分钱,不募社会一文捐"的教规,经费由社员自愿捐助,办学费用全由学社开支。学社办事人员没有薪资,属义务劳动,一切开支均由会计人员经手。

宝鸡道德学社曾先后在虢镇、贾村、县功等地设立过分社。这几处社员不多，社址有的就设在社员家里。1951年私立中和小学由宝鸡市人民政府接管。宝鸡道德学社于1959年11月15日被政府明令取缔。

5. 华县道德学社

华县道德学社在陕西建立较早。据陈尧初《游学记略》记载："民国二十六年，西安官绅曾电请师尊莅临讲道，于无形中化解凶气。我亦随从，并因华县同学李子健、樊致和等之坚请，随便随从到华县学社，以其距车站甚近也。其时华社甫经草创，社址尚狭，临时在院中搭起席棚，请师尊讲授《大学心传》，听讲者约百余人。"①办华县道德学社孙绳仙起了很大作用。孙绳仙，名慰祖，出生年月不详，陕西省华县下庙乡王巷村人。自幼从父读书，孝友成性，尝以怜苦恤贫誉闻乡里。稍长出外学商，从学徒做起，后在周至县德成祥布庄任领班掌柜。1930年左右，经曹致中、樊致和介绍在华县记名入道德学社，并发愿舍身办道。后又介绍好友虎祖元、康裕如、王干卿等入社。

华县道德学社虔诚弟子很多，其中特别值得提及的是沟怀义，别号惠民，陕西华县人。因家学渊源，其熟谙古文儒学，擅长医术，疏财好义，善缘甚广。少时于西安市西北电政专校毕业后，曾在高陵县惠民学校执教，后任校长。以后为纪念这段教书生涯，别号惠民竟成了他正式的名字。卢沟桥事变后，为抗日救国，考入黄埔军校西安第七分校第十五期步兵科，并加入国民党。毕业后，去河东晋西南参加对敌作战，继又在新编第四师及第一百二十八师任少校军医。抗战胜利后，因憎恶国民党军的残暴行径，由新疆焉耆区守备司令部离职回家。1946年春节后，加入华县道德学社，研究阅读段正元讲道书籍，并赴西安、周至、宝鸡等地道德学社参观、学习、交流。由此，人生道路发生了重大转折，一心躬行道德，实践仁义。沟怀义本是医学世家出身，又承江苏淡安老师授以针灸术，返故里后，虽处盛年，却不追求富贵，只在家乡悬壶济世。20世纪50年代又在医院里工作了十多年，后离开医院返回沟家村，作诗自述其心志："乐道自适，逍遥自得，虽无用世，但全我真。"那时，道德学社已不允许活动，他很少和外面联

---

① 陈尧初：《游学纪略》，北京大成书社1946年版，第6页。

系,只注重修己,有事办事,无事即研究道德。虽离开医院,仍然尽一己之力,为乡亲们诊病治病。

还有马增祥,华县西关镇马家堡人。小商户出身,生平秉性良善,重义轻财,为人孝友,与曹致中、史致礼、樊致和交好,后参加北京道德学社,成为段正元的弟子。在创建华县道德学社时,又介绍孙绳仙入社。孙后到周至县与虎祖元等成立西安道德学社及周至县道德学社,也推动了宝鸡、陇县等地相继办道德学社。

1943年陈尧初一行游学至华县道德学社,见礼堂重新建造,富丽堂皇,听讲同学增加到四百多人,大家都对师道心悦诚服,十分高兴。华县道德学社实为西北各学社之发祥地,西安、周至、洛阳、宝鸡等地学社都是由这里发源的。[①]

(三)四川道德学社

1.重庆道德学社

据1942年各地道德学社通讯录记载,重庆道德学社地址在来龙巷62号。

重庆道德学社的负责人是徐耀堂,是段正元早年收的重庆籍弟子,北京道德学社成立后,徐与重庆其他同仁一起筹建重庆道德学社。

2.堰沟坝道德学社

堰沟坝道德学社的成立得力于江中如和金光裕。江中如,湖北黄陂人,国民党高级将领。早年毕业于保定军官学校第一期步兵科、陆军大学第五期。毕业后历任连长、营长、团长、处长和高参。曾任陆军大学兵学教官、军事参议院参议等职。1939年5月13日江中如被授予少将军衔,1946年7月31日晋升为中将。抗战时期,江中如为重庆行辕总务区主任,与当时堰沟坝道德学社负责人金光裕会面后,商议在故里周边建立景点以作纪念。两人一谈即成,于是进行勘查和规划。江中如离开时留下了足够的资金。1947年,江中如再次前往堰沟坝,这时所建的亭阁、题刻已在金光裕主持下完成。

[①] 陈尧初:《游学纪略》,北京大成书社1946年版,第6页。

以上为笔者根据有限资料整理的各地道德学社的发展概况。总体来看,各地办道德学社还是产生了积极的社会效应的。道德学社通过社会教化,提升了人们的道德水平及修养,客观上产生了积极的社会影响。但同时,由于道德学说本身就具有浓厚的宗教色彩和迷信成分,社会各界对其的总体认可度并不高。

第六节　段正元在其他地方讲学传道

1921年8月,东北热河、奉天、吉林、黑友江四省慈善总会因听说段正元在北京道德学社开坛设教,宣讲道德,心甚仰慕,不远千里派人敦请段正元到所在地朝阳讲道(今辽宁省朝阳市)。因当时天时未至,气数阻扰,段正元没有答应。

1922年夏末,该慈善总会会长杨子恭率会员亲自到北京面请。杨子恭不仅是四省慈善总会会长,亦是全国慈善总会会长,为慈善事业四处奔走,凡贵官巨绅无不迎接。其所谋义粟仁浆,虽需巨款,无不操券而获,其救济物资甚至有远从俄国运来的。因此之故,历年来大总统褒奖匾额,以及省长、县长题赠匾额甚多,民间团体也多有为其刻碑铭者。

二十二日,段正元与几位随同弟子乘火车北上出关,到朝阳站下车。由火车站乘小轿一路在军民簇拥下到达慈善总会。

辽宁省朝阳市是否有道德学社,《大道源流》没有记载,但弟子很多。1922年夏末段正元于朝阳讲道说法九日,有许多人拜在其门下。

道德学社的性质与特点

道德学社是民国时期十分活跃而又异常复杂、评价歧异的民间社团,它在发展过程中几度起落,活动范围遍布大江南北,活动时间跨越整个民国时期,成员多样,社会关系复杂,思想保守,组织结构垂直,需要从多个角度观察分析才能对其进行全面、准确的判定。

第一节 道德学社的关键活动显现出"政德合一"的天真与玄幻

道德学社的性质是由该社的行为决定的。它的行事风格及其影响在它所处的社会就有不同的人和组织机构做出过判定。虽然当时的判定未必都正确,但却是我们判定该社性质的原初依据。

道德学社在其存续期曾使用过孔圣道德会、道德会、四成会、德化佛堂、大同民主党等名称[①]。道德学社创始人段正元1912年初在成都成立伦礼会,同年下半年改名为"人伦道德研究会",宣扬孔孟之道。段正元力图通过道德学社实现儒家宣扬的圣王之"德政合一",君相师儒,同归一道。

段正元先后收了三名弟子,成为其传道的得力助手。一为杨献廷,四川人,

---

①赵嘉朱主编:《中国会道门史料集成》,中国社会科学出版社2004年版,第12页。

曾在日本留学,任过湖南省主席何键的幕僚,抗日时期为国民党高级将领顾祝同的军事参谋。二为雷保康,毕业于日本陆军士官学校,同北洋政府江苏督军齐燮元、国民党将领何应钦关系密切。三为陈尧初,河南人,日本早稻田大学毕业,曾任北洋政府时期临时参议院和国会众议院议员。1915年底,陈尧初因反对袁世凯称帝,在会上抓起砚台砸袁世凯后出逃,因对未来局势不明而寻仙访道,拜师段正元。

1916年,段正元师徒通过陈尧初打通留学日本的军政关系网,借助袁世凯病逝垮台的机会,在北京同北洋政府陆军参谋总长王士珍、步兵统帅江朝宗、警察总监吴炳湘等人共同发起成立"北京道德学社"。王士珍为社长,段正元为社师。道德学社以儒教团体名义大力宣扬儒学,宣称"五教合一"和"万教归儒",以弘扬"孔孟之道,人道贞义"为己任,声言要将孔孟之道,特别是把儒家的"修齐治平"推广到全世界[①]。

由于道德学社博得了北洋政府的支持,发展极快,成立后不久即在重庆、上海、南京、杭州、汉口、郑州、长沙、徐州、奉天、西安、天津等地建立了18个分社。在动荡不安的时代里,段正元等人充分地利用了社会上的道德危机、儒学的复活、民众对平安的焦虑的机会大力宣扬道德救赎、回归真儒、信道平安,发展其组织并获得显著成效。在政治上,道德学社积极与显贵政要建立联系,十分注重培养与当政势力的良好关系,黎元洪、冯国璋、徐世昌均为道德学社题写过对联或牌匾,从而使其在时局多变的社会中取得了合法性的地位,盛极一时;在文化上,道德学社大肆宣扬受到新文化运动冲击却又极力求生、尚有生命力的儒学;在活动方式上其带有一定的学术性;在经济上,则吸收了一些有钱财的商人入社,又通过社员缴纳社费和捐输及经销该组织自行印刷的书籍,为组织的发展提供了充足的经费。

1930年初,在军政界与道德学社关联人的撮合下,段正元在南京与蒋介石三次见面,向蒋介石讲《大学》《中庸》、内圣外王、修齐治平的大道理,当蒋介石问现在国家这样究竟有什么好办法时,段正元以"谦让和平"四字心法相告,天真地说:"你只要请三次客,发几个通电","三个月即可以协和万邦"。蒋介石表

[①] 秦宝琦:《清末民初秘密社会的蜕变》,中国人民大学出版社2004年版,第3页。

示"钦佩乐从",却并没有照段正元所说的去做。事后段正元将内战爆发归因于蒋介石不听从自己的主张,显示出段正元认知上的孤陋与偏执。

自1916年起,段正元先后游说于军政要员萧耀南、卢永祥、吴佩孚、何键、何应钦,甚至侵略中国的日军,试图说服他们皈依儒家道义,修齐治平,实现他以道德平治天下的夙愿[①],在不同情境下段的说辞没有什么大的差别,还带有几分诡秘、灵异、玄虚色彩,几乎无一被采用。这显示出他的想法主观、天真、片面,听者中也没有多少人真当回事。

其在1937年6月作的《退隐后切实警告知己书》中写道:"民国四年,上书于袁世凯,因筹安会起,不能实现。后对民国要人徐世昌、冯国璋、段祺瑞、李纯、萧耀南、卢永祥、吴佩孚、蒋介石、张作霖等,均虚心周旋,开诚相告,而均不得要领。"[②]段自我安慰自己人事尽到了,将失败归咎于天命不至,因此问心无愧。通过讲学以及和学徒的关系,段正元还于1930年任湖南省主席何键的幕僚,1935年又任国民党政府军政部长何应钦的幕僚,"二何"先后拜段正元为师[③]。

段正元"德政合一"的想法不能用于实践,无奈之际选择了以道德学社作为"阐扬孔子大道,实行人道贞义,提倡世界大同,希望天下太平"的途径,其自辩道:"吾意在政德合一,不在学社也。"[④]"我办学社乃百无聊奈之举,因行政上无立足之地,不能不讲学立教,以成道任。"[⑤]

1931年1月8日的国民党《中央日报》以《亟待取缔之秘密结社道德学社之内幕》为题发文,对该组织的活动进行了深入揭批[⑥]。1931年6月,国民政府以"内容荒诞悖谬,足以淆乱社会思想、扰乱治安、危害民国"[⑦]为由下令取缔了道德学社,道德学社因此一度停止活动。

[①]《远人问道录》记载了三位日本人满野氏、小山贞知、坂西利八郎拜访段正元,段正元直言批评日本人迷于武力万能的侵略政策,告诫日本要以真正道德和平治国,寻求两国平等基础上的友好合作。
[②]《丁丑法语》,选自《师道全书》卷五十,道德学会总会1944年版,第47页。
[③]陆仲伟:《中国秘密社会(第五卷),民国会道门》,福建人民出版社2002年版,第140页。
[④]《日行记录》,选自《师道全书》卷十八,道德学会总会1944年版,第42页。
[⑤]《道与同仁》,选自《师道全书》三十二卷,道德学会总会1944年版,第22页。
[⑥]北京市档案馆档案(社会局社会团体类):市政府关于解散道德学社的训令及公安局社会局的呈文。
[⑦]北京市档案馆档案(社会局社会团体类):市政府关于解散道德学社的训令及公安局社会局的呈文。

1934年2月,蒋介石等人倡导新生活运动,提倡传统"四维""八德",助长了复古守旧势力,道德学社上层人物贺愚忱直接上书蒋介石,并取得了北平、太原两地军政要人的支持,道德学社遂又劫后逢生[①]。

1937年后,由于道德学社有相当一部分骨干成员有留学日本的经历,他们在侵华日军利用尊孔读经,提倡礼教来麻醉中国人的情况下,是非不辨,参与其中,道德学社出现涣散迹象,发生了杨(守初)、刘(福清)篡师位事件,段正元畏难,选择公开登报退隐。一些成员以宣扬孔道的名义,在敌占区南京、上海等地成立"洪道社"(又名"宏道社""中华洪道社"),还曾派人赴四川为日寇刺探情报,侵华日军对道德学社予以了鼓励和支持。道德学社的不少骨干成员为谋取利益,也乐于为日本人效劳,这些人沦为日军用孔教奴化中国人的工具。南京、上海等地的洪道社向群众大量灌输大东亚共荣意识,社长金鼎勋叫嚣:中国和日本数千年前,一体之国也,现不堪我兄弟之国民受异种之威胁,更不堪兄弟之国民经济之破产,全亚一家,黄族一体,共存而共荣,大东亚各民族光明自由之复兴,自今开始。[②]北京的道德学社还配合日伪政权开展治安强化运动,为日军和伪政府大肆"歌功颂德"[③]。

段正元于1939年病逝于北京,在京伪政府政要江朝宗、王揖唐、齐燮元等前往吊祭。此后,其弟子雷保康和陈尧初因争夺社内领导权而发生内讧,雷保康失败后,率一部分社众在北京另组建"道德学会",原来的道德学社即由陈尧初主持。

1942年,道德学社总社理事汪秉乾与在重庆的国民党高级将领贺国光等人以尊孔为号召,在重庆另立"大同学会",提倡孔教之大同学说,蒋介石也被他们聘为名誉会长。

1946年,道德学社骨干杨献廷在湖北将道德学社改名为"大同民主党",并掌握领导权。此后,道德学社理事王子儒与曾任伪满经济大臣的韩敬忠企图借其势力在东北发展组织。

1949年后,陈尧初、王子儒退居幕后,在社内设学校、加工厂,并大量购买进

---

① 北京市档案馆档案(社会局文教卫生类):贺愚忱等关于发起道德学社的建议及该社的简章、宣言等。
② 赵嘉朱主编:《中国会道门史料集成》,中国社会科学出版社2004年版,第405页。
③ 参见北京市档案馆档案(社会局综合类):北京普渡佛教会道德学社等单位关于强化治安运动给社会局的呈文。

步书籍,伪装成进步社团,向人民政府申请备案,企图取得合法地位;但同时又暗中与国民党势力联系。1951年,道德学社发起祷告世界和平运动,对共产党进行批评攻击。

1952年11月20日,中共中央明令取缔道德学社,北京市人民政府命令市公安局和民政局取缔道德学社,公安局遂将陈尧初、王佑民、杨献廷逮捕,民政局奉命立即派遣工作组进驻设在北京西单的道德学社,民政局副局长马玉槐向住在社内的一百多名社员宣布取缔命令,所有财产房舍全部被没收,迅速摧毁了道德学社总部[1],活跃了30余年的道德学社就此终结,此后各地道德学社也相继宣告解散。

道德学社的上述关键节点的活动与行为显现出它在政治上的天真与肤浅,在认知上存在局限与偏见,它的行为效果与期望存在巨大反差,社会各方对它的评价成为判定该社性质的可信依据。

第二节 从道德学社的"道德"判定其性质

"道德"是道德学社始终打着的"旗号",但它所说的"道德"并非人们通常讲的"道德",它包括行为规范、规则和道德品质修养,如自谦、知足、有信用、知过则改、知善必为等,但又不限于此;与伦理学中的"道德"以及《老子》中的"道"范畴有关联,又不完全等同,或者说重点不在于此。段正元赋予了它一些别的内涵。界定清楚道德学社的"道德",才能真正认清道德学社的性质和特征。

(一)道德学社的"道德"是什么

道德学社所说的"道德"是一个异常复杂而又带有不确定性的概念,在很大程度上不属于"道德"本身。它被段正元赋予一定的玄虚色彩,它既是抽象的,又是具体的;既具有本体论的意义,也包括众多具体的要素。社众并没有多少

---

[1] 赵嘉朱主编:《中国会道门史料集成》,中国社会科学出版社2004年版,第24页。

人真正理解段正元明显逻辑混乱的有关"道德"的阐述,只是朦胧地、不求深刻思考地信它。

"道德"是段正元思想的主干,《道德学志》《道德约言》《道德和平》《元圆德道》等,出言不离"道德"。从上述文献可以看出,段正元论述的"道德"是以儒学为主干和基础,在一定程度上吸取、糅合佛道及新文化运动中传入的西学成分的混合体。

段正元常将"道"与"德"拆开使用,称自己和身边的人为"办道"之人,说"大学者,无极也。道者,太极也……道者,上天之大路也。"①段正元认为"道"是先天而生,"至上至尊",道生天地人,还主持世间万物的运行,循道而行就是循理而行。段正元所说的"德"与"道"差不多处于同样的地位,似乎是道的另一面,然而其性质与"道"不同,它没有生长功能,它是天地万物及人得之于"道"所表现出来的美满至善的特性。他所理解的道德是先天地而生,后天地而永存,是天地万物的真主宰,能贯通先天后天,包孕万事万物,无为无不为②。

道德学社的"道"或"大道"融合了部分道家的内容,在形式上并不排斥其他各教各宗,而是在"大同"的终极目标下力图将各教谐和为一,但其根本上仍是孔孟之道。道德学社认定儒虽名为一教,实即至平常又至神妙之大道。贞正儒教大行,统一中国,协和万邦,成人类大同世界,真正得自由平等共和③。道德学社一面宣称"五教合一",一面主张"万教归儒",以弘扬"孔孟之道,人道贞义"为己任,以孔教大同为宗旨,鼓吹要将孔孟之道、修身、齐家、治国、平天下推广到全世界,使天下成一家,中国成一人,人人皆君子,个个称圣贤。段正元将道德既当成目的,又当成工具,一面声言要将孔孟之道,特别是儒家的修齐治平推广到全世界④,要在世界范围内实现人类和平与天下大同;又声称实行道德仁义,修身齐家治国平天下,人人保全性命之真学问,以无种族,无国界,万国共和,大同统一为宗旨⑤。

对于道德学社的"道德",段正元将其夸大为一切之本源:在先天言,道德乃

---

①《大成礼拜杂志》,选自《师道全书》卷四,道德学会总会1944年版,第49页。
②韩星:《段正元道德思想精义》,原载《恒道》,吉林人民出版社2002年版,第308页。
③段正元:《周一》(第一册),道德学社印刷所1925年版,第29页。
④秦宝琦:《清末民初秘密社会的蜕变》,中国人民大学出版社2004年版,第3页。
⑤邵雍:《中国会道门》,上海人民出版社1997年版,第167页。

天地之元气,为生天、生地、生人、生万物之根本;在后天言,道德乃人生之福气,为穷通、夭寿、富贵、贫贱之源头,……几个人之身心性命,以及家国天下,万事万物,无一不在道德包孕之中。进而他把道德作为一切的因:道德水准高的国家,必呈日月光华、国泰民安之景象;反之,刀兵之灾、夭折疾疫之灾必随之而起。对个人而言,厚德所以载福,和气乃能致祥。反之,刻薄成家,理无久享。要知有道者兴,无道者灭,有德者昌,无德者亡,乃天道人事之常经。[1]显然,段正元对道德的概念进行了泛化,对其功能进行了夸大和神秘化。

被段正元神秘化的"道德"是为道德学社的道德救赎实践服务的。段正元特别强调道德对人的意义,他认为,道德不但生成了人,且是人穷通、夭寿、富贵、贫贱的源头,是人的良心;道德不是空谈,是实行实用的[2]。在道与德的关系上,他认为道与德虽终不分离,却有阴阳之别,道体德用,道虚德实,道生德蓄,道自由德人为,道无为而德有为。道与德本无先后,与人言之,往往先言道后言德,所以道德有逻辑上的先后。"道德"是体用兼备,阴阳共存,虚实相生,若分若合,不即不离的统一体。

段正元以"道德"为核心和切入点,遍论各个领域的问题及其解决之道,凡政治、经济、文化、外交、军事等均有涉及,有较强的问题意识、明确的针对性与指向性,也有一定的敏锐性。其理论中的无稽、荒诞之处虽大量存在,所提出的措施可行的不多,还有不少简单的反复说教,但其中仍有一些可取的元素,总体说来内容较为丰富,可以说已形成了一整套涵盖了世界观与方法论的理论说教体系。

(二)道德学社宣扬"道德"做什么

段正元将道德分为真道德与假道德、内道德与外道德。他认为人在后天能行善是因为有良心这种"内道德"或"先天道德"在。人在外若顾廉耻而不顾良心则是因为"外道德"或"后天道德"起了主要作用。既有良心,又顾廉耻,道德内外一体最好,这是圣人以道德平治的理想。反之,内无良心,外无廉耻,百事

---

[1] 段正元:《政治大同》,道德学社印刷所1924年版,第3页。
[2] 段正元:《政治大同》,道德学社印刷所1924年版,第2页。

可为即是小人行为[①]。世上的奸雄小人用愚民政策，笼络人心，满口仁义道德，一肚子奸诈阴谋。因此，危害天下苍生的便是这无"内道德"而仅有"外道德"的人，然而后人不知深思，却把世界大乱的根源归于古圣人，以为是道德乱天下，这是极端错误的[②]。

道德学社宣扬道德就是要解除因"真道德失传"而造成的社会危难。

段正元把中华传统道德在近代的毁坏，一方面归因于孔孟之后二千年来后儒空谈性命，以科举文章为功业，使道德仁义成为虚理，大道隐而不彰，世人以道德为迂腐，失去崇敬信仰之心；另一方面，归因于西学东来，以强权为公理，讲自由，尚平权，舍本求末，败坏纲常伦纪。"中华真学失传，见西学风靡，便改政治，立宪法，讲强兵，图富国，立学堂，事事从新，惟恐不周，以为新学神奇（可以使）民力强，国力富，（于是便）废纲常伦纪，以道德仁义为腐败，四书五经为无用，将尧、舜、禹、汤、文、武、周、孔、孟目为罪人，只知排旧，不知温故知新。"在段正元看来，道德只有内外之分，无新旧大小之说，"今之分新旧者，是未知真道德也"[③]。

段正元反复强调："二千多年来孔孟真道德失传，专制帝王及后世鄙儒、功名之士以假道德残酷地荼毒人民，他们读圣人之文章，袭圣人之礼乐，假借文辞，以科名取士，牢笼天下人民。虽纸上空谈，亦可以得名誉，得富贵，亦可以施政治，虐庶民，使民不敢不道德，自身先不道德。以法律专横，残害国家，使民无可逃也。森然并厉，上出为上谕，下奉为圣旨，如有欺官获法，笞杖徒流，其所行道德，皆在外之又外也，民间受假道德痛苦，不忍言也。在人民言行是道德，在位者毫无道德，是非颠倒，民即冤死。下情不能上达，暴君污吏，宵小权奸，反为道德之代表，朝野上下，君臣人民，皆假外道德，欺欺骗骗，天下焉得不乱也，人民焉得不受苦？[④]进而强调："我今言道德，非劝人为善之小道德，非纸上空谈，只图说得好听之虚道德；非术数家矜奇立异谈天之道德；非理学所讲之迂酸腐败道德，有其实方无其实事。故我言之道德，真是治世安民的仁心仁政救国救天下的良药。"[⑤]

[①]段正元：《自在元音》，道德学社印刷所1921年版，第8页。
[②]段正元：《自在元音》，道德学社印刷所1921年版，第9页。
[③]段正元：《自在元音》，道德学社印刷所1921年版，第7页。
[④]段正元：《自在元音》，道德学社印刷所1921年版，第21页。
[⑤]转引自韩星：《段正元道德思想精义》，原载《恒道》，吉林人民出版社2002年版，第311页。

简言之,段正元就是要以道德救世,这是他创立道德学社的出发点,也成为道德学社的行为准则。他所描述的现象确实客观存在,但他所认为的这些现象与道德之间的因果关系则带有主观性、片面性。段正元也曾就道德与人伦、政治、法律、自由、平等、人才、财富、性命等方面的关系发表过他自己的看法,似乎广博,却又囿于成见。不通过法治而靠更近乎人治的德治显然实现不了他"救国、救民、救天下"的目标,这就成为他努力了几十年也未见到所期望的结果的真正原因。

从某种意义上说,段正元将"道德"当成了工具,并依据自己的需要不断改造、诠释它,希望它万能,比如他说:"真道德既能够生天地万物和人,又能管束之,故真道德又是真主宰,而且真道德也是人的良心福田。人有一分真道德,就有千万分福命,有良心福田,自然爱国家,以天下为己任,上行下效,风行草偃,天下自然大治,走向大同极乐。"①

在使用道德这一工具上,段正元表现出明显的扬古抑今、以中御外倾向,反复强调和阐述:中国古圣先王,原是以道德治世,以礼让教民,故为世界上大文明、最古之国。至于今欧风东渐,功利之习,传染遍于中华,人民脑筋,印入一种优胜劣败之学说,遂至以礼让为迂谈,以道德为无用,演出率兽食人,人将相食之世界,而祸乱几不可收拾矣……万教都要归一,而且万道都要归一,万邦自然协和。凡教要归一道,教者原由道出,道行教归,才算得其大道。……儒释道三教,为天地三宝,合耶回配为五行。儒为道之精,佛为道之气,道为道之神,三教缺一不可②。1925年正月,在张家口演讲时段正元又说:"我言中国有真儒大道,可以修齐治平,胜过西学万万,不过形下之器、欧人发明将来可以辅道。至于形上之道,西土只一耶稣,略有发明。中国自一划开天,大圣人循生迭起,将治平大道,发扬已无余蕴,焉用西学?"③

基于这样的认知,段正元试图将中华民族传统道德当作实现世界大同的必由之路,认为救治中国,解决国际社会问题的最好途径是在普天之下推行中国传统道德;并主张中西文明结合,以中体西用的模式来实现人类大同;他还提出了推行中华传统道德于世界的几个途径。

---

① 段正元:《大德必得》,道德学社印刷所1924年版,第23页。
② 段正元:《大同贞谛》(中),道德学社印刷所1924年版,第1、3、13页。
③ 段正元:《周一》(第一册),道德学社印刷所1925年版,第5、6页。

段正元的上述观点过于主观,在很大程度上流为中体西用论的变种。从中也可看出道德学社在理论上确实存在明显的矛盾。一方面段正元强调万教归儒,认为它是人类至高无上的优秀文化;另一方面又强调其他各教不可缺少,说明他理想中的儒教应该是包含有其他各教内容,超越既有儒教的一种形态。这种形态虽以既有儒教为其主体部分,但既有儒教更大意义上只是用来统领其他各教,是用来命名这一形态的符号而已。

段正元企图以道德问题为突破口,把它和当时的政治、军事、经济、文化、外交等方面联系起来阐释,或者将道德作为统领世界万物的上位概念,以求形成一个完整的体系来论证道德学社理论与宗旨的合理性,把各种社会危机、人生危难、行为失利等都归因为未行"真道德",说服更多的民众加入到他的组织当中。道德虽非救国的根本途径,但在某种程度上有效,由此笼络了一批信众。这些都体现了道德学社的理论有相对合理的一面,又具有在民众见识和判断能力不高的社会里自欺及欺人的一面。

(三)道德学社的"道德"与"儒学"的关系

儒学是道德学社提倡的"道德"的思想灵魂,从渊源关系看,段正元沿袭刘止唐、龙元祖、颜紫兰的传统,力图以神道设教,大谈圣道、王道。道德学社试图将儒学转变为"道德化""神圣化"的社会实践,在这点上道德学社走出了历史传承下来的规范、道统内的儒学,它的产生与"新儒学"有着相同的社会背景,但二者在社会实践上有较大差别,不为同时期正统的儒家学者认可。

首先,道德学社通过批评、否定孟子以后的儒学,显示自己通过"真道德"回到"真儒"。

道德学社极力阐扬儒学,但它所提倡的儒学是孟子以前的儒学,其尤其不认同程朱理学,与同时期的"新儒家"和"新儒学"代表熊十力、张君劢、冯友兰、贺麟等人又不相同,在理论化、系统化方面不足。新儒家们不重传道世系,也不讲"传心",而是以对"心性"的理解和体认来判断历史上的儒者是否见得"道体"[①]。

[①] 余英时:《犹记风吹水上鳞》,三民书局1991年版,第70页。

新儒家基本肯定宋明理学在中国文化中的地位,然而在道统论上段正元的儒学思想与现代新儒学截然不同,段正元认为"孟子以后道统不续,大学无传",即由于《大学》之道失传而使道统不续。他把汉宋之后的儒学推定为儒学的异化形式,认为后世儒学背离了先秦儒学的基本思想,理学夫子是"理学中的圣人,道学中的罪人"。他一方面否认宋明理学在道统中的地位;另一方面又认可宋儒朱熹把《大学》《中庸》从《礼记》中拿出来单独成篇,与《论语》《孟子》合成"四书",强调把《大学》《中庸》作为理论基础,来推定"一以贯之"之理。这就犯了时序与内容关系的错误。

段正元说:《大学》一书,万教纲领,修身、齐家、治国、平天下之实行实德,圣圣相传心法。孟子以后,《大学》亲民之心法失传,亲民之道不立。后儒不知心法,不知亲民为何物,故立教随波逐流,治民无一定宗旨,改亲民为新民。后世学者以讹传讹,至今不但不知行亲民之道,并未闻亲民之教。以新民开民智,民受新民之毒,国家受新民之害,民一日新一日,国家一日乱一日。甚至西学东来,用夷变夏。而以新民立教,故民受新民影响,种种无法无天行为酿成国家人民之乱,皆受新民教之害[①]。段正元的主张亲民而非新民的观点此前戴震等考据学家和利玛窦等为代表的天主教耶稣会士都提出过,并非首创。段正元把道统理论建立在先秦儒学原始典籍之上而否认此后儒学的正统性,这实质上是否认了儒学在不同发展阶段可以具有不同的形式和特色而一味地固守儒学的原始色彩。段正元的儒学思想与新儒家们有异曲同工之处,即认为内圣是一切价值的本源所在,道德学社宣扬其宗旨之一就是修身养性,并在此基础上主张尊师重道、经世致用与躬行实践。不同之处是,新儒学的主要代表人物大多出身于书香门第,主要供职于大学机构和一些研究机构,哲学研究的色彩浓厚,逻辑远比段正元严谨,他们也多活跃在社会中上层人物间。这也是现代新儒学与道德学社儒学的一个明显的差异,反衬出道德学社对古代儒家的过度夸耀,对儒学传承历史的无视。

其次,道德学社试图使制度化儒家解体后的儒学能再次回归制度化。

段正元一再声称儒学在孔孟之后即失去真传,他自己则承担着继承孔道绝学,重新阐释儒学真义的重任。

---

①段正元:《大德必得》,道德学社印刷所1924年版,第22页。

儒学在汉代被独尊之后,不仅是不少中国人安身立命的基础,也在很大程度上成为社会秩序的基础,渗透到个人、家庭、宗族伦理乃至国家的典章制度中,"为中国传统社会提供了一个较为稳定的政治和社会秩序"[1]。儒家在传统中国社会通过孔子的圣人化、儒学文献的经学化和科举制度等制度设计来保证其独一无二的地位。

19世纪中叶以来,中国社会在西方势力的冲击下经历长期而全面的解体过程,制度化儒家也面临前所未有的困境,西方文化的东来所造成的现代与传统的冲突,更导致制度化儒家每况愈下[2]。特别是随着科举制度的被废除、现代法律和政治制度的建立、新的观念体系的形成,制度化儒家逐步失去对中国社会的控制力而退出了历史舞台。但儒家的典籍尚在,儒家思想观念的"游魂"一直在寻找其载体;现实的政治势力一直在发掘儒家的"现实意义"[3]。段正元在这种情况下试图复兴儒学,在新的制度与价值背景下使儒家重新制度化。

辛亥革命后,虽然儒家已经不再是新的政治体系的合法性依据,但是军政要员们显然还是更愿意从儒家那里寻找其存在的理由,这也能很好地解释王士珍等众多军政人员加入道德学社。他们出于实用的目的,为了自身的统治利益,十分注意从传统儒家的政治观念中寻求意义支持和民意支持,同情儒家的力量也开始了积极的行动,而社会底层民众也愿意从儒学中找到自身的存在感。

段正元大肆游说北洋政府及国民政府要员,试图说服他们皈依儒学道义,修齐治平,实现以儒治天下的目标。他曾先后与不同的政要多次会晤,推行其政治主张,目的都是使儒家重新制度化。在中西学的争论十分激烈的情况下道德学社主张万教归儒又不排斥外来文化,持兼收并蓄的立场,承认任何不同于儒学的文化都应该吸收融合,"真正大道,无种族、国界、教派之分……并不辟诸教,择其善者而从之,其不善者而改之,以三教合源,万教归一为宗,以集万教大成,开万世太平为主"[4],这些都是段正元使用的策略。

---

[1] 余英时:《现代儒学的回顾与展望》,三联书店2004年版,第132页。
[2] 干春松:《制度化儒家及其解体》,中国人民大学出版社2003年版,第27、28页。
[3] 干春松:《制度化儒家及其解体》,中国人民大学出版社2003年版,第32页。
[4] 段正元:《大德必得》,道德学社印刷所1924年版,第5页。

与道德学社同时的,还有康有为发起的孔教会。康有为积极提倡将孔教定为国教,对儒学进行宗教性改造,社会上一系列的尊孔社团在全国各地纷纷成立。在这样的背景下,道德学社大力宣扬孔孟之道,倡导万教归儒,公开讲演三纲、五伦、八德、儒家的内圣外王修齐治平之道及身心性命之法,正能满足以中下层民众为基础的民间社会试图重振儒学的需求。从这个角度看,不是段正元创立了道德学社,而是当时民众的观念、意识和判断能力成就了道德学社。

道德学社追求儒学再次制度化的行为并未实现其"德政合一"目标,反而在一定程度上使得相对正统的儒学发生异化,不仅段正元大讲特讲的儒学以及道德学社被国民政府定为"内容荒诞悖谬,足以淆乱社会思想、扰乱治安、危害民国"[1];而且儒学在很大程度上成为道德学社荒诞悖谬行为的理论来源和最重要的理论资源,应了"启用中国传统中任何可以尝试的资源,也就是往异端方面寻求力量和支持"[2]的说法。曾是国学大师章太炎弟子的报人曹聚仁看到道德学社的作为后感到国学问题的严重,"在昔,俗儒浅陋,尚知自惭;今则标卜算业者,习堪舆业者,以及吟坛雅士,皆得以宣扬国学自命"。段正元以儒家传人自命,被正直的学人视为滥用儒学开展迷信活动,在儒学历史上留下绝无仅有的以儒家学说为主要资源来支撑一整套说教体系的案例,成为儒学正统被异化的一个活生生的例子。

再者,道德学社从儒学复兴的目的出发接受了少量现代西学成分。

段正元认为中华传统道德是人类至高无上的文化,是致广大而尽精微,极高明而道中庸,无美不备、无用不周的优秀文化。道德二字,可以说是世界开化最早的中华文化的代名词,尤其《大学》一书,乃"万教之纲领",实为古今中外道德之结晶,任何学说,任何教义,不能出其范围[3]。他提出"万教归儒"的口号,鼓吹中华传统道德是实现世界大同的必由之路,还设想出具体的三个途径,即综核名实,表彰先圣,尊重师道[4]。

段正元和道德学社坚持以传统儒家文化为中心,又不能无视新文化运动带

---

[1] 北京市档案馆档案(社会局社会团体类):市政府关于解散道德学社的训令及公安局社会局的呈文。
[2] 罗志田:《裂变中的传承——20世纪前期的中国文化与学术》,中华书局2003年版,第30页。
[3] 段正元:《政治大同》,道德学社印刷所1924年版,第3页。
[4] 段正元:《政治大同》,道德学社印刷所1924年版,第6、7页。

来的社会思潮,于是吸收了一些新的思想对儒学进行发挥,如对于妇女问题的阐释他就至少在理论上认为男女应该是平等的。在实践上,道德学社基本上不是采取"得君行道"和"官方意识形态"的形式,而是利用下学上达的方式,以民间活动为主要的运作形式,使儒学在当时特殊的历史时期得到更为广泛的传播,这无疑是借鉴了新文化运动的传播模式。之所以发生这样的变化,在一定程度上是由于"继续生存便不得不放弃'得君行道'的旧途,转而向社会和个人生命方面去开辟新的空间,走'日用常行化'或'人伦日用化'之路"[①],从而在人们的日常生活中发挥更大的作用,在"内圣"与"修身"领域产生效用,提高民众的道德。

道德学社立场保守,但在建立其理论框架时,道德学社的灵魂人物段正元却经常引用西方理论,比如进化论等。还能及时使用西方科技和现代传媒,在吃穿尚不能保障的时候就想出版自己的书。道德学社创立后设有出版机构专门用于出版宣讲道德的书籍杂志,包括记录该社活动情况的《道德学志》及段正元的讲演记录《大同贞谛》《笑道归元》《周一》等数百种,还创办了《大同报》与《中和日报》,除了在社员缴纳会费之后分发给他们之外,还在社会上大量出售。这不仅大大提高了道德学社的影响力,吸引了大批追随者,也使道德学社具有了鲜明的时代特色,留下了大量史料。从现存的道德学社所出版的书籍里可以看出,段正元对儒学的挖掘有些是相当深入的,其知识面比较宽,对儒学和传统文化的评论和阐释也有洞见,语言的逻辑性比较强。

简言之,道德学社推崇的"道德"源于儒家,又有变异,道德学社明显夸大、神秘化了道德的内涵与功能,使得其行为具有较大的欺骗性;道德学社对道德的定义有其历史渊源,也有明确的现实针对性,存在一些迷信的内容,同时也有一定的合理性,不乏独到的见解。道德学社本身极为复杂,它的理论和行为的性质特征也是复杂的,全盘地予以否定并不妥当。同时,对道德学社某些具体实绩的肯定也并不意味着可以无视它存在的问题,无限制地对其价值予以拔高。

[①] 余英时:《现代儒学论》,上海人民出版社1998年版,第41页。

第三节　道德学社的成员构成与组织特征

北京道德学社一成立就不同凡响,聘请北洋三杰之首、时任参谋总长的王士珍为社长,段正元为社师,杨献廷为学长,陈景南任编辑主任,雷寿荣为总干事,弟子多为军政要人。组织结构采用纵向的社长制,成员间有明显的等级,重规则礼仪。具有这一组织特征的道德学社有利于段正元实现自幼就心存的布衣教王侯志向。

(一)从成员结构上看,道德学社初建时以军政要员为主

王士珍在时局风雨飘摇之时,心甚忧患、苦闷彷徨,读段正元在川中所著《圣道发源》一书(后改为《圣道发凡》)后感到耳目一新,爱不释手,认为段正元非常人,便请友人引见,因他在军政界享有盛誉,众人于是公推王为社长。

道德学社最初创办者的情况如下:学长杨献廷,曾留学日本五年,学法律,1908年回国后在民政部供职三年。在北京与段正元相识,敬服段正元的道德学问遂执弟子礼,弃官随段回四川办伦礼会,出资最多,1952年解散道德学社时被捕,1953年春死在狱中。编辑主任陈景南,字尧初,清朝时考中秀才,科举废除后又考上省师范学堂(河南大学前身),后官费留学日本,入早稻田大学法科,结识黄兴、宋教仁、孙中山等,并参加了早期同盟会。曾于1912年任南京临时参议院议员、北京临时参议院议员,并任《民权报》总编,后因反袁世凯逃往天津。1915年冬由罗景湘介绍其到湘阴会馆拜段正元为师,1939年任道德学社理事长,1952年查禁道德学社时被捕,1953年春死在狱中。总干事雷寿荣,字保康,早年毕业于日本陆军士官学校,历任北洋政府参谋本部第一局局长、代理参谋次长,授陆军少将加中将衔,由罗景湘介绍成为最初四个北京道德学社创办人之一。罗景湘为前清进士,任过知府,喜易卜星相,故与陈尧初、雷保康、应云从、范绍陔四人有所交往。时雷任参谋本部第一局局长,拜会段正元后,段对他说:"尔是办道之人,好自为之。"[1]社长王士珍逝世后雷即总理社务,为总干事,介绍众多军政界要人拜门。

---

[1]《大道源流》,北京大成书社1939年版,第6页。

编辑书记熊斌也在北洋政府陆军中任职,1916年拜段正元为师,据他晚年所写的回忆录《六十年的回忆》记载:"丙辰冬,修业期满回部,供职颇清闲,经友人介绍入道德学社听讲。该社以缔造大同为目的,倡三教同源、万教归儒,阐扬孔孟学说,提倡躬行实践。旋入社为社员,社长为参谋总长王士珍,社师为段正元师等,同事参加者数十人,以余长记录,任书记。民十一年以前师等讲义大部分皆余手编,因于身心性命之学略窥门径,做人做事之道得其指归,以后办教育、参戎幕、治军从政俯仰无愧者,实受益于斯。丁巳春,督军团在京会议,奉部派任会议秘书,倪嗣冲等跋扈神情在纯洁青年军官眼中,殊觉可恶。时局从此不安,送眷回乡,只身留京,寄居道德学社。值张勋复辟之役,人咸惧大祸之将临,独段师等预言,不过昙花一现。"

道德学社将总社设于北京,并陆续在全国各地设立了众多的分支机构,试图在全国传道。在道德学社任职的大多为军政界要人,如江朝宗、李纯、赵倜、蒋作宾、吴炳湘、付良佐、罗迪楚、何键、何应钦等,后期还有外国传教士、日伪人员。经过一段时间发展,军政要员参与的人数和比例在下降,中下层民众被吸纳进来,这些人逐渐成为道德学社主要成员。虽然道德学社后期主要的成员是下层民众,但是它并不以在广大农村发展为主要形式,而是在各地的重要城市设立分支机构,并由此形成了遍布全国的联络机构,特别是像天津、上海、太原、武汉、南京、重庆、成都等交通较发达的大中城市的据点的设置,对道德学社的发展起到了极大的促进和推动作用,这些大的分社也成为道德学社发展过程中的重要中枢机构。

道德学社的成员几乎遍布社会各个领域,工、农、商、学、军、医、艺等无不涵盖,既有部分军官,也有政府机关的官员及职员,还有报社记者,大、中、小学教员,等等[1]。在当时,学界对道德学社的认可度一直不高,只有极少数边缘化的学者参与其中,其骨干大多是士绅、商人、军政官员等,他们掌握着该组织的命脉。士绅在传统社会中具有特殊的地位,民国时期仍然在社会上具有相当的影响力,道德学社在发展其组织时便极力对之进行拉拢。他们的加入为道德学社与政治人物的接触提供了诸多方便。杨献廷、雷保康等人善于投机钻营,活动

---

[1] 北京市档案馆档案(社会局文教卫生类):贺愚忱关于呈报北平道德学社的呈文及该社简章、宣言以及市政府、社会局的指令、批复。

范围大,流动性强,接触各阶层人士的机会相对较多,成为道德学社内较有活力的力量,为道德学社的发展提供了相当的经济支持,也为自身的商业发展开辟了更为广阔的空间。军政要员在道德学社中的作用更加特殊,使之在遭受各方面的多次重压后终能屡次化险为夷。王士珍作为社长并不参与社务,但在成立初期利用其政治影响力使得北洋政府在道德学社的发展上给予了诸多方便。工人、农民、手工业者、无业游民构成了道德学社立足的主要社会基础。这些人文化程度低,辨析能力低,生活水平也不高,他们对社会的不公平现象和混乱的局势有着不同程度的不满情绪。道德学社宣扬的理念契合了他们物质与精神方面的需要,从而对他们产生了吸引力。他们对道德学社大部分的说教表示信服,在沉湎于精神上的安慰的同时也承担着物质上的捐输,他们的捐输成为道德学社经费的主要来源之一。

(二)从活动方式上看,道德学社与会道门相似

道德学社的活动场所叫殿堂,与其他会道门的坛堂、佛堂很相似。殿内悬挂"师尊"段正元的画像。为体现对师尊的尊敬,道德学社建立了"师道堂",上面悬挂"太上师道""师道尊严"两个匾额,以及"师道职权行,天下为家乐;弟子之仁尽,世界大同成"对联。[①]每逢农历的初一、十一、二十一称为"三一"日,即朝圣日。每年农历八月二十七日即孔子诞辰日举办孔圣会,社众都要聚集殿堂,在段正元画像前行跪拜礼、讲经。为增强仪式感,还进行"判沙",判沙即开沙盘扶乩,用桃枝在沙盘内写乩训。段正元说:"圣为天口,代天宣化,飞鸾降乩,道之所有。"[②]开沙盘时,先有女道徒念咒语,然后行大礼,六拜十八叩首。由学长或分社理事长等传道人员讲解孔孟之道,借此制造氛围,使听众的头脑受到洗礼,于不知不觉中被说服。

为了提高宣扬孔孟之道的效果,道德学社还设置一些迷信活动,抛出劫难说。说什么"要天翻地覆,世界大乱,天害人患,血流成河,尸骨成山,大道不宏开,天下不太平,只有入了道,才能躲避灾难,能修身齐家治国平天下,又能长生

[①]《师道为文化本元》,北京大成书社1939年版,第49-50页。
[②]段正元:《笑道归元》,道德学社印刷所1924年版,第48页。

不老,增福消灾"①,用类似的话来制造焦虑,诱惑民众入社。

　　道德学社的入社手续比较简单,无太复杂的仪式,只需两个社员介绍,本人表示愿意,心诚即可,缴纳入社费银元4~5元不等。在段正元掌社时期,入社后还要举行拜门仪式,向段正元行拜门礼。道德学社规定,在举行各种礼仪时社员均要交礼仪费,平时还要交纳会费,并以举办善事,如办义学、施诊、印刷经书刊物、救灾等等名义在社员中动员捐款②,收入未见公开使用数目。为了装饰门面,笼络信众,道德学社也拿出一部分款项用来举办义学和施诊等,并大肆宣扬这些所谓的"善举",以博取社会声誉,扩大社会影响。

　　道德学社内部有严格的长幼尊卑等级制度。弟子必须绝对服从师傅,师傅要绝对服从上层教头,通过拜师入社的传统方式,在组织内筑起了一种以师徒关系为纽带的人身依附关系网络。道德学社上层反复告诫追随者,要把尊师重道看得重于自己的生命,须为之甘愿接受各种考验,这也可以说是道德学社长久不衰、长期发展的一个重要原因。

　　道德学社具备了会道门的大多数特征:首先是宣扬三教、五教或万教合一的思想,并以之作为基础;其次是宣扬只有入了道才能免劫、增福;再次,用家族或定于一尊的方式形成内部组织或规则;最后,讲究仪式感,用迷信、练功习武相混杂的日常活动密切成员间的关系,内部盛行设坛扶乩、降神过阴、焚表吞符等活动。会道门的创立者大多希望借助于这种秘密组织的力量来达到自己的某种政治和经济目的。会道门是一种披着宗教外衣的民间秘密组织,其成立并非单纯地出于宗教信仰,其也不是宗教团体③。

　　但是道德学社与一般的会道门又有不同之处:一是它在成立初期是一个已在政府备案,可以合法公开活动的社团,尽管后来异变,生出种种劣迹,但它初期合法是历史事实;二是它是相对善于学习的,从古代文化到现代知识、组织方式、技能等方面远超出一般会道门;三是道德学社事实上已形成了一整套包含世界观与方法论在内的理论说教体系,段正元对儒学的理解和宣扬已经具有了一定的思想、学术价值,一般的会道门组织无法与之相比。

---

①陆仲伟:《中国秘密社会(第五卷),民国会道门》,福建人民出版社2002年版,第145页。
②北京市档案馆档案(北平市警察局):内五区呈送贺愚忱以道德学社名义征求捐款的案卷。
③陆仲伟:《中国秘密社会(第五卷),民国会道门》,福建人民出版社2002年版,第29页。

曾经在杭州直接接触过道德学社的报人曹聚仁发现道德学社实"一神秘不可思议之宗教,与大同教相伯仲,其社奉段正元为师尊,其徒事之如神,礼之如佛。以'大道宏开'为帜,以'天眼通'为秘,而贪财如命,不知人间有廉耻事,然亦自命为道业之正统,国学之嫡系"[1]。曹聚仁在回忆录中谈到道德学社时说:"段正元乃是四川那个天府之国的'妖道',跟张鲁一流的人物……段正元的底细,我们一直弄不清楚,只知道他是四川来的神秘人物,住在北京、徐州、南京、上海、杭州,每处有道德学社,仿佛他的行营。我住过他们在杭州的道德学社,场面很宏大,仿佛是一处寺院,这都是他们这些弟子所募化来的。他的弟子有男有女,就在我们乡间也有七八十人……有一回,我在香港碰到张大千先生,和他谈到了段正元。他们都是四川人,这才知道这位怪人的底细。段氏自幼失学,以牧牛为生。(据说)有一天,忽然有一幽灵附其身,就此得道了。……'师尊'所到处,他的弟子们都要到车站去跪迎,有如西藏活佛之东来,连蒋介石也没有他那份威风呢!王位诚家中,也供奉着段师尊的玉照,我是眼见的。"[2]由此可见当时学界对道德学社的评价。

关于道德学社的会道门性质,曹聚仁的论述可作为多方文献的旁证。道德学社在历史上确有敛财之举,并大肆搞个人崇拜,对善男信女进行物质掠夺与精神统治,实行一种极端的教主崇拜。道德学社自成立后多次被取缔,与它的会道门性质直接相关,学界既有的相关研究也多把它归入会道门的类别中。1952年,人民政府以反动会道门的名义明令取缔了道德学社。

对道德学社,既要听其言又要观其行,才能得到准确的认识。汇聚各方信息,道德、儒学、会道门这三个概念逐渐凸显出来,揭示出道德学社是"道德""儒学""会道门"三位一体的组织。

(三)从组织形式和机构设置上看,道德学社并非规范的社团

道德学社的组织形式与机构设置早期为社长制,实际负责人为社师段正元,比较传统且带有神秘感,1939年后改用现代社团通用的理事会、监事会制。

---
[1] 曹聚仁:《国故学讨论集》(第一集),上海书店影印,群学社1927年版,第92页。
[2] 曹聚仁:《我与我的世界》,上海三联书店2014年版,第31-32页。

1916年道德学社成立之初,采用社长制,全国有总社,有条件设立分支机构的省设分社,县设支社或分社,均由正、副社长领导。村、镇设讲学所,由正、副所长领导。总社社长王士珍,社师段正元(实际负责人),学长杨献廷。总社内设总承礼,由雷保康担任;文牍礼由陈尧初担任,其余还有交际礼、庶务礼等。段正元自封"太上元始天真主宰""太上元仁师尊",谓将来要统一全球。他封弟子陈尧初为"太上元仁师尊笃恭救世贞元仁护法",弟子王子儒为"救世贞主仁护法"。道德学社还附设有图书馆等其他机构,例如大成书社、道德阅书所、道德讲学所、经学讲习所等。

1939年以后,陈尧初主持道德学社时实行理事制。设有理事会、监事会。理事长1人由陈尧初担任,副理事长2人,陈铭阁、唐仲揆、潘印佛等为常务理事,理事14人,常务监事3人,监事6人。杨献廷为常务监事,但因他1939年离开北京去湖北,直到1947年回京后才履行职务。理事长执掌各地会务及活动。理事会下设秘书处、总务处、联络处、教务处等机构负责日常工作。秘书处下有调查科、文书科、编辑科;总务处下有会计科、人事科、事务科;联络处下有宣传科、指导科、交际科。每科设有科长和若干办事人员[1]。

1939年后,以雷保康为首的一支道德学会则大致沿用之前的体制,在总会设大学长1人,负责领导全会事务。学会内设庶务礼、交际礼、文牍礼、会计礼、编辑礼等若干办事机构,在学长领导下进行日常的会务活动。有条件设立分支机构的各省设有分会,设会长1人,社师1人,总承管3人,负责领导一省学会相关事务,会众级别与道德学社相同。

分社是总社的分支机构,有权进行组织宣传,发展会务等。分、支社各有社长1人,副社长及办事人员若干,内设总务、联络、宣传三个科。道德学社在村镇设讲学所,由正副所长领导。各分、支社的一切经费皆由总社按月寄发,各种活动均由总社统一指挥。道德学社还制定了比较正规的请示报告制度与各种规则章程,组织十分严密[2]。社众分为太牧、中牧、少牧、社员四个职级,总社社

---

[1] 北京市档案馆档案(北平市警察局):日伪北京特别市警察局特务科该局为调取缔道德学社与天津警察局的来往公函(附该社系统表、简章、负责人听取书)。

[2] 北京市档案馆档案(北平市警察局):日伪北京特别市警察局特务科该局为调取缔道德学社与天津警察局的来往公函(附该社系统表、简章、负责人听取书)。

长称太牧,省社社长称中牧,县社、分社及支社社长为少牧,讲学所所长为少牧,社众称社员。社员也分四级,即首元、礼仪、威仪、徒众[①]。可见,道德学社内部等级森严,与其宣扬的人类大同,众生平等大相径庭。

1916年,道德学社成立时制定了社员"志愿十八则",包括"言不自欺,行不自是,道不自私";"尊师重道,性命双修,以立功立德为主,卫生养生为辅";"学谦谦君子,温良恭俭让,逆来顺受,委曲求全,毋自暴自弃";"言行动静,不矜奇,不好异,凡事下学上达,踏实认真";"敬鬼神以德,不谄媚求福。信之于理,不信之于痴";"实行真贞三纲、五伦、八德,有过立改,明善实行";等等。段正元自称"太上元仁师尊",为天地间诸神的代表,被社内信徒奉为"太上元始天真主宰"。

这种将组织建立在个人迷信之上的机构是很难实现平稳和可持续的,段正元病逝前道德学社就发生内讧,病逝后就四分五裂便证实了这一点。

台湾学者张玉法曾把民国初期的党会依其性质划分为政治、军事、国防、进德、宗教、实业、学术、联谊、慈善、公益、其他共11个类别[②],我们可以对照这个类别对道德学社做分析。

首先,道德学社与政党及一些合法的公共性社会组织均有明显的不同。道德学社介入某些具体的政治事件却不代表某个阶级、阶层或集团,不为实现其利益而进行斗争,也没有明确的政治纲领或章程与诉求,在政治舞台上是一个不起多大作用的边缘角色。显然,它虽有军政要人参与,但不是军事联盟和组织。它所办的出版机构属于实业性质,但整体上道德学社明显不是实业性组织。它没有承担公益职能,也不是公益性社会组织。

其次,道德学社不是一个宗教性的组织,却有些许宗教倾向性,宣扬道德的超自然的力量能够影响人们的生死、命运,从而使人产生敬畏和崇拜之心。道德学社宣扬三教合一,崇拜孔子及其七十二贤弟子、关公、太上老君等,属于泛神崇拜,本质上又不同于一神的现代宗教。宗教宣扬忍耐和顺从,多不问政治,对现实的苦难与痛苦采取逆来顺受的态度,而段正元具有强烈的入世倾向,反对宗教的那种消极无为的出世态度,主张道统开出政统,多次充当幕僚,对现实的政治颇多不满且伺机参与,一再指斥社会弊端,干预政治事务,因此屡受不同

---

①仙桃市地方志编纂委员会编:《沔阳县志》,华中师范大学出版社1989年版,第590页。
②张玉法:《民国初年的政党》,岳麓书社2004年版,第461页。

的当权者的打压。道德学社鼓吹协和万邦,求人类大同,对当时的社会极尽批评之能事,还主张用固有道德来统领一切,进而改变现状,多次面临被取缔的局面。

再者,联谊性社会组织指的是不同行业、社会团体、各界群众之间为加强联系和增进友谊而设立的相对松散的联合机构[1],道德学社内部等级森严,上下级之间有极为严格的控制与服从关系,由此不难看出道德学社不是联谊性社会组织。

此外,道德学社也非进德类社团。进德类社会组织的主旨是砥砺品质,提高组织成员的思想境界,多为个人自愿参与,组织相对较为松散,并无严密的组织化控制,也无"师尊"一类的"教主"式人物。蔡元培所倡导的"进德会"是其中的典型代表。道德学社关注个人品德,又有强烈的现实关怀,旨在推行"儒教大同"的政治或文化主张。道德学社的"道德"与伦理学中的"品德""品质"已不等同,与进德之"德"更不相同,"道德"只不过是道德学社倡行儒教或是中国固有文化宏达主张中最重要最核心的价值要素。在道德学社的兴衰过程中,段正元等人除却聚敛物质财富外,还致力于扩大其组织,实现儒教大同的梦想乃是该组织的重心之所在。尽管道德学社在理论上强调道德的重要性与修身养性的必要性,但是这并非最终目的。其将道德作为成员的必备性综合素质之一,是为了更好地服务于组织,进而实现"协和万邦"的宗旨。因此,道德学社显然不完全属于"进德性"的社会组织。

最后,道德学社与学术性社会组织之间也有差距。学术性社会组织以学术研究为其最主要的活动,以促进学术进步、提高学术水平为宗旨。段正元为发展与维系道德学社进行了一系列的探索、研究与理论建构,段正元本人的理论具有一定的学术性,但他的研究与纯学者相比显然差距较大。对他而言,研究主要是实现目的的手段,道德学社中多数人仅是听众,整体上算不上是学术性社会组织。

道德学社还生产销售图书,建有加工厂,组织捐输,也确实拿出过一部分款项用来举办义学和施诊等慈善活动,但这些工作在该社的众多活动中只占较小

---

[1] 范宝俊主编:《中国社会团体大辞典》,警官教育出版社1995年版,第99页。

比重,无法说明道德学社的慈善性质,显然其也不属于福利性社会组织。由此可以看出,从最根本的属性而言,道德学社不属规范的、职责明确的现代社团,而是带有一些现代公共性社会组织色彩的会道门组织。

第四节 道德学社性质特征的基本判定

道德学社到底是个什么性质的组织？学界将其归为"会道门"[1],海外有人把道德学社看成是民间新兴宗教[2]。最近几年有人从儒学的角度把道德学社看成是现代史上儒学民间化的一脉[3],或看成是民间儒教的一脉[4]。综合分析段正元的思想和道德学社的活动,其凸显的性质特征可概括如下：

(一)教育性

从教育史的角度看,道德学社无疑是一种特殊的教育社团,准确地说是一种特殊的社会教化组织。

作为以"道德"为主旨的社会教化组织,道德学社以"道德"立根,在段正元看来,道德学社不是以宗教立教而是以"道德"立教的。他曾区分"教"与"道"：

---

[1] 目前关于这方面的代表性成果有邵雍的《中国会道门》(上海人民出版社1997年版)、陆仲伟的《中国秘密社会》第五卷《民国会道门》(福建人民出版社2002年版)、赵嘉朱主编《中国会道门史料集成》(上下)(中国社会科学出版社2004年版)。

[2] 如日本学者酒井忠夫的《民国初期之新兴宗教运动与新时代潮流》(张淑娥译,《民间宗教》(台北)1995年第1辑,台北：南天书局,1995年版)、台湾佛光大学范纯武的《民初儒学的宗教化——段正元与道德学社的个案研究》(台湾《民俗曲艺》2011年第6期)基本上持此看法。

[3] 如鞠曦《段正元儒学思想》,见鞠曦主编《恒道》,吉林人民出版社2002年版;《段正元与现代新儒学"道统"观念之比较》,见陇非主编《国学论衡》第三辑,兰州大学出版社2004年版;韩星《段正元道德思想精义》,鞠曦主编《恒道》第一辑,吉林人民出版社2002年版;《尊师重道立师道——段正元师道说发微》,《宜宾学院学报》2014年第10期;《段正元对〈大学〉的现代诠释》,《儒道研究》第二辑,社会科学文献出版社2014年版。

[4] 韩星《段正元孔教思想与实践》,《福建论坛》(人文社会科学版)2008年第2期;韩星《修道之谓教——段正元论道与教》,《世界宗教文化》2013年第4期;韩星《道德学社与道德宗教》,《宗教与哲学》2013年第1期;韩星《上帝归来——段正元的上帝观及其现代意义》,《宗教学研究》2016年第4期。

"教犹植物之花,道犹植物之本。花由本生,教由道发,花不能离本而生,教不能离道而存。花不能与根本比美丑,教不能与道较高下。道本千变万化,圆通无碍……教则单取一线,有一定不移之方针。道者路也,随人共由,缓急迟速无人限制。教则含专制性质,强迫前行,步步加紧。"[1]并进一步就儒道佛三教进行分析:"道家佛家以教教人,成者甚多。儒虽名为教,而至圣所讲是道。八面玲珑,千变万化,无丝毫专制压迫,数千年中,未成几人。不但成人少,并且世人都讲不得儒是什么。因儒教太宏大太圆通,不易讲也。行教易行道难。故至圣曰:'朝闻道,夕死可矣。'"[2]因此,他认为讲"教"是迷信:"教甚易讲,盖讲教都是迷信,所谓窝起舌头说话,只讲半面。遇着时机秉着一部分天命,各说各的,不管其它方面通与不通。如耶稣云:'除我以外别无上帝。'要阐其教,使人迷信,不得不然。前大道不明不行之时,万教后学,概在迷信之中。……非迷也,不明道而行教,不得不如是也。"[3]基于这样的认知,段正元认为西方宗教不如中国道德文明,"耶稣教义,究不能摆脱简单拘束之宗教思想,于道德文明,犹有偏而不全、美而未善之处。"[4]他批评西方人与基督教:"所以当今之世,求诸宗奉宗教者,比比有人;求诸信教而又知重道者,曾不数见。试观泰西各国等,是崇奉耶教,讲博爱主义之文明国也。今乃日寻干戈,置数千万人之生命财产于不顾,则博爱之道何在?"[5]

道德学社所从事的活动主要属于社会教化类,立足点和所发生的影响也在于教化。

(二)民间性

道德学社的民间性体现在段正元办道德学社始终坚持"不用公家一文钱,不占公家一锥地,不受公家一名位"的基本原则。段正元说其自来办事,未用过公家一文钱,未在何处募过捐。凡来出钱者,或是维持个人,感情相交。或是维

---

[1]《道德约言》,北平道德学社1921年版,第2-3页。
[2]《道德约言》,北平道德学社1921年版,第3页。
[3]《道德约言》,北平道德学社1921年版,第2页。
[4]《政治大同》,北平道德学社1930年版,第3页。
[5]《道德学志》,选自《师道全书》卷五,道德学会总会1944年版,第48-49页。

持道德,发自心愿。要皆礼之所在,然后受之。"例如吾在川办伦礼会时,有人欲以藩司衙门作为会址,并欲拨洋五千元作为基金,吾均却之。及到北京,学社成立之时,亦有人对吾云,你在此讲学,既无公费,在在需费,不如在公府或各部中就一虚位,借以周转金融。吾云我自来办事,一不用公家钱财,二不受国家禄位,其谋乃寝。次年南京学社成立时,又有人欲于督署为吾谋一顾问,吾亦止之。即此可见吾平生办事,不但不用非礼财,得财于事无裨益,亦不肯受丝毫也。至今回思,数十年中,并未受用公家一文钱。"[1]因为一直坚守这样的原则,就使道德学社避免了官方直接插手所带来的麻烦,以及与政治过分紧密而发生变异,保证了纯正的民间性。如果从段正元实践道德的途径来看,寻求"政德合一"可以说是"上行路线",在民间办道德学社可以说是"下行路线"。段正元在"上行路线"走不通的情况下走"下行路线",办道德学社,以北京为中心,辐射全国,由省市到乡镇,由繁华的上海大都会到偏远的西北穷乡村,相继成立了道德学社、道德阅书室、中和小学等机构,大力从事民间的社会教化活动,对上至军政要人,下至普通百姓都产生了重要影响。

(三)实行性

段正元办道德学社反对虚理,强调实礼。他说:"实礼者,踏踏实实,一定不移之天经地义也,非纸上空谈。"[2]"若其人不明真礼,网在虚理障中,尔说东,他扯西,尔说南,他扯北,千万言也,难得说清。争论一场,仍是白费。例如,而今讲哲学、讲法律的人,甲因一前提,乙引一公例,丙持一某项,丁扯一某条,骤然听来,公说公有理,婆说婆有理,究竟不知谁是谁非,以真礼衡之,皆是胡说乱道,自欺欺人,巧令鲜仁,古人所耻。"[3]"凡大圣人立教,皆由性与天道中自然流露出来,故其所定,即是实礼,千万世行之而无弊。例如中国古大圣人所定之三纲五伦八德,纯是天秩天序,小而个人,从之则吉,逆之则凶;大而国家社会,依之则治,反之则乱。历史昭然,可为殷鉴……我等修持人,就要有大智慧、大眼光,不为虚理所迷,而惟实礼是则,得志则因革损益,继往开来,定万世太平。不

---

[1]《大同贞谛》,选自《师道全书》卷十六,道德学会总会1944年版,第19—20页。
[2]《道善》,选自《师道全书》卷十二,道德学会总会1944年版,第36页。
[3]《大德必得》,北平道德学社印刷所1930年版,第6页。

得志亦循规蹈矩,守先待后,为社会矜式,斯不愧为道德中人。"①因此,他不再讲理,认为讲理容易流于虚理,而讲"实礼"。他所说的"实礼"就是古人所定的三纲五伦八德,是天经地义,踏踏实实做人,认认真真做事,重建人伦秩序,促进人类和平,走向世界大同。

与"实礼性"相联系,段正元办道德学社以"道德"为主旨,强调道德实行。1919年秋,有美国传教士何乐意到北京道德学社拜访段正元,问他说:"贵社讲道德,何为贵?"段正元答曰:重在实行。凡中外古今之圣贤他佛,无不是实行实德,行有余力,则以学文。因我中华自秦汉以后,辞章科名为重,但有虚文,毫无实际,道德遂流为迂酸腐败之口头禅。形上之道以晦,反不如尔们欧美人,注重实验发明形下之器,足以称雄逞霸于一时。不过物质愈发达,社会愈黑暗……吾为此惧。因发愿以身作则,立社讲学,就正高明期以实行真正道德的精神,造成真正文明大同世界。②他还说:"道德实行,则国家有主宰,人民有倚赖。道德不是空谈,作文章劝人,是教人身体力行,开诚布公,救世安民,实行实德实事。"③他奉劝在位者:"非实行道德,万不能使诸共和国,转成文明大同世界。"④强调"在位实行道德,天下无不服从……在位知道德,真行道德,不但天下立地太平,并可成大同极乐世界"。⑤这一点段正元在讲演中反复强调,其警世之心可谓良苦矣!正如他的弟子所说的,段正元"所讲道德,非理想空谈,非铺扬作文章,非矜奇立异。必期征诸实用,一人可行,一时可行,天下万世可推而准。……道德重实行,不实行,虽讲奚益?"⑥从这些表述中可以看出,他虽然以道德为核心观念,但特别注意不流于空言道德,反复申述,反复教育弟子要实行道德。

实行道德贵在以中立教,行中庸之道。"以中立教,即是实行道德。不过各有各的天命不同,虽教不同而道同,以道德治世合中和。故中庸云:'致中和,天

---

① 《大同贞谛》,选自《师道全书》卷十六,道德学会总会1944年版,第20页。
② 《远人问道录》,道德学社1933年版,第1页。
③ 《大同元音》,选自《师道全书》卷十一,道德学会总会1944年版,第13页。
④ 《大同元音》,选自《师道全书》卷十一,道德学会总会1944年版,第13页。
⑤ 《大同元音》,选自《师道全书》卷十一,道德学会总会1944年版,第9页。
⑥ 《道德和平·序》,选自《师道全书》卷十一,道德学会总会1944年版,第42页。

地位焉,万物育焉。'"①如果能够做到"人人有中字之良心,勤职业,修心术,即是太平世界。凡事量力而行,各勤其职业,各尽其职能。守本分即是守中,守中即是何等人干何等事。不大言不惭,不野心勃勃,不自欺欺人,凭一点贞良心作事,则一切不中之事理,自然消灭于无何有之乡。天下为一家,中国为一人。亲亲仁民,仁民爱物,在上在下,男女老幼,贞自由平等,人民熙熙皞皞,天然大同极乐世界在其中。中道而立,四海景从,自由平等,一道同风,万众一声,天下大同。"②近代以来,中国学者对中庸之道进行了强烈批判。这种批判是必要的,然而在批判中由于种种原因对中庸之道有许多误解和歪曲,特别是把"中庸之道"与折中主义、调和主义、改良主义完全等同起来,把它视为平庸、妥协、保守、不思进取、守旧不变等,认为其是维护封建专制和地主阶级利益的精神武器,否定其现实意义和价值,这就走上了矫枉过正的极端之路。在大批判的潮流下,段正元则强调无论是上位者还是普通民众都应该以中立教,行中庸之道。

(四)宗教性

尽管段正元多次批评宗教,道德学社极力回避宗教,但毋庸讳言,道德学社确实具有很强的宗教性。道德学社的宗旨为:"阐扬孔子大道,实行人道贞义,提倡世界大同,希望天下太平。"道德学社的教纲为:"受恩必报,有过贞改,明善实行,诸恶不作,福至心灵,从容中道。"段正元自述:"吾学社之学说宗旨,在发挥三教合源,万教归儒之奥义,实行人道,缔造大同,使天下一家,中国一人,成太平极乐世界。"③并提出具体从以下三个方面实行:

第一,体上天好生之德,救正人心,挽回气数。学社体上天爱人爱物之心,提倡道德,使天下人人皆知人我一体,异地同源,生有自来,死有归宿。竞争优胜,永无结束;富贵威权,皆为孽障。扫除残毒险狠之恶念,启发慈祥恺悌之真忱,则天人相贯,太和成象。在天者,既生成长养,齐一周至;在人者,自无分畛域,不相侵害,忧戚相关,讲信修睦,天下一家,大道昌行,而上天之心愈矣。

第二,体古圣先贤、群仙诸佛救人济世之苦心,代完其未了之志愿。学社提

---

① 《道德和平》,选自《师道全书》卷十一,道德学会总会1944年版,第19页。
② 《大同正路》,选自《师道全书》卷三十四,道德学会总会1944年版,第13页。
③ 《道德学志》,选自《师道全书》卷六,道德学会总会1944年版,第10页。

倡道德,即为圣贤仙佛之代表。其有欲言而未尽,或微言而未显者,吾学社则为之阐明。欲行而未果,或将行而未竟者,吾学社则为之足成。树以至正之模楷,导以方便之法门,务使天下人人心圣贤仙佛之心,行圣贤仙佛之行,即不啻人人圣贤仙佛。大道昌行,天下太平,而圣贤仙佛之志愿自了矣。

第三,为造作恶因,永堕地狱之幽魂怨鬼超度解脱。学社提倡道德,就是要为永堕地狱之幽魂怨鬼忏悔。将来天下人人回心向道,实行道德,不但这些人的罪孽可以解脱,灵魂可以超度,即是九幽之下,所有诸大地狱,都将无用,而且能够感沾道阳,转幽暗而为光明。①

从以上宗旨及其具体实行的设想中可以看出,道德学社遵循的是儒家的学术理路,但凸显的是儒家的宗教层面,是以神道设教的方式在民间进行道德教化,弘道明德,实现救渡,挽回世道,救正人心,平治天下。段正元揭示以神道设教之旨说:"揆之古先圣贤,神道设教之旨,所谓实式凭之,实式临之,直与皇天后土相提并论。而推及于人事之作用,则'鬼神'二字,在人则示为善恶之监临,在己则示以返诸良心之裁判。"②但是,自鬼神祸福之说盛行,而神道设教之旨反而转晦。所以常常看到平常之人,入庙烧香,不论庙内所供何神,无不顶礼祷告,求神保佑,这就舍本逐末,转成迷信。他还论证现今为什么还要以神道设教:晚近之人,非圣无法,一由中人以上之人,不知以道德存心,对于鬼神,不明真正敬祀之道。一由中人以下之人,惑于邪说,不知鬼神之德之至,毫无敬畏之心故也。今欲维持世道,救正人心,平治天下,当使中人以上之人,群知道德为天地之精华,一己之良心,时时刻刻,以道德存心。对于鬼神,不可不敬,但敬鬼神而远之。中人以下之人,当使供神向善,有所敬畏,不敢为非,如此办法,庶几天下人人持身涉世,或不至有丧心灭理之事。此神道设教之意,实为保全中人以下人格之第一良法,固有不可轻言废弃者矣。③近代以来,中国传统文化走向衰微,特别是新文化运动以来精英阶层批判传统文化,打倒孔家店,非圣无法,不知以道德存心,不知敬畏上天,敬事鬼神;一般大众也是为各种学说所迷惑,没有敬畏之心。要挽回世道,救正人心,就要使精英阶层知道德为天地精华,本

---

① 《道德学志》,选自《师道全书》卷六,道德学会总会1944年版,第10—12页。
② 《道德学志》,选自《师道全书》卷五,道德学会总会1944年版,第40页。
③ 《道德学志》,选自《师道全书》卷五,道德学会总会1944年版,第41页。

于人的良心,时刻以道德存心,敬鬼神而远之;对于一般大众,就要"神道设教",使他们供神向善,有所敬畏,不敢为非。只有这样,才能维持世道,救正人心,平治天下。

道德学社的影响、作用、问题

第六章

第六章　道德学社的影响、作用、问题

道德学社是在中国社会动荡不安,人们在精神上出现道德危机的背景下产生的社会组织,因为宣扬"凡办社地方可保治安",迎合了众多人在新旧转换过程中的祈求平安心理与道德救赎需求,发展快速,影响广泛。同时,由于它将道德万能化,以会道门的方式开展活动,其言其行又给社会带来一定危害。

第一节　道德学社的影响

(一)影响范围

北京道德学社成立以后,早期的影响主要在北京。很快以北京为中心,在全国各地先后建立了规模大小不同的道德学社、阅书社、讲学所或大成书社等。据《师尊故里纪要》统计有八十八处。道德学社天津分社1942年出版的《救世真神》后面附录的各地道德学社和阅书所等有82处。这些名为北京道德学社的分支,其实都是由当地人士信了段正元宣扬的信道则"以保地方平安"的迷信说教后,甘愿自出力,自捐钱,自舍地,共同发起成立的。这说明道德学社在全国形成了相当大的规模,产生了广泛影响。

(二)影响的人群

道德学社在学术界的影响整体上一直比较弱,这与学者们具有比较强的分析、判断能力,以及道德学社带有明显的宗教、迷信特征直接相关。

道德学社对军政界的影响比学界大,早期有较多军政人员参与,后来逐渐减少。其对军政人员的影响主要表现在观念、行为和生活上,未曾真正对军政决策发生过影响。

道德学社的骨干大都有较好的文化基础,有一定的社会身份,如军政要员、社会名流、地方士绅、商人,他们参与学社或受到学社影响与其认知或价值取向有一定关系,还与自己在道德学社中能够获得较为优势的地位与归属感,甚至能获得一些利益直接相关。道德学社的教化对象则是包括以上人员在内的社会各个阶层,其中人数最多的是文化程度不高的普通农民、士兵、商贩。在此列举若干例证:

河北栾城没有建立道德学社、阅书室等,因为距离北京近,栾城人杨延年早年成为段正元弟子后,便介绍他的侄子杨修三和村里好几位农民来北京道德学社听段正元讲道说法,后来到北京道德学社拜门。杨修三感觉道德学社最适合他,他与别的弟子在北京道德学社一起干活,尽心尽力,心甘情愿自己出饭钱。杨修三是文盲,因为经常听段正元讲经说法,后来自己也能读段正元的书了,再后来也能讲了。回到老家,乡亲们考他,他也能答得出,乡亲们觉得他不简单:不识字的人能讲四书,之乎者也,脱口而出,俨然是一位乡村私塾先生。他常到北京道德学社听讲,每次回家都要带些道德学社的书回去,村里村外有人来他就给他们看,看了书觉得好的人就随他一起去道德学社。

河南上蔡人崔元章也是道德学社的弟子,他的经历特别曲折,祖辈皆为佃农,因此他未能上学,只能农闲时读私塾,读完了《大学》《中庸》《论语》《孟子》《诗经》等。因他外祖父是段正元的弟子、上蔡道德学社的社员,他姥姥、母亲也参与学道。全面抗战开始后政府征兵紧迫,他已接近征兵年龄,几个叔叔都在应征之列,因怕抓壮丁常常东躲西藏,给家庭带来很多困难。为了减轻家庭负担,崔元章于1942年带着姥爷、母亲送给他的道德学社的书籍参军,当了卫生兵开赴抗日前线,书里面还夹带一张段正元的相片。无论怎样地艰苦转战,他都将段正元的照片和书籍随身携带,片刻不离,一有时间就阅读。其晚年回忆称:"我一有时间就读这些大道法语,知道大道不虚,知道人凭良心做事做人,就元气维护,慎独克己尽人事,所以无所畏惧。战场上说是枪子没眼,但我没有任何担心。段夫子说的话,不是害人的,不害人就照着做。死了就死了,不死了,就活着。"崔元章任卫生队司药官,乐于助人,体贴自己的勤务兵,拒绝利用职权谋私,不受不义之财,有空就写字,为队里写公函。抗日战争胜利后,他看到军界一片黑暗,就想另找出路。当部队驻扎在宝鸡时,他出外散步见有"道德学社"牌子,进去访问,遂脱离了部队,留了下来,后来由宝鸡大多数同仁介绍到西安道德学社。

道德学社还曾引起来华的外国人注意,段正元说:"我提倡固有道德,缔造大同世界,免除战争惨祸,为中外所周知。外国名流,有希望和平、向慕大同学说来访谈者,我均告以人道贞义。人以类聚,与禽兽不同,凡事可以公平讨论,合理解决。大齐有无相济,缓急相通,相亲相爱相扶持,始能共享永久和平幸福等语。听者见我竭诚开示,无不感动天良,心悦诚服。"①道德学社成立二十多年中,先后来拜访段正元求学问道的国外知名人士有德国卫礼贤、鲁雅文,美国李佳白、何乐意,日本人满野氏、小山贞知、坂西利八郎等。

据《远人问道录》记载,1919年秋,美国传教士何乐意到南京道德学社参观,得知道德学社的社师段正元在北京,遂亲来北京拜访。先由社员引他参观北京道德学社中各种陈设布置,其见礼堂上有"惟皇上帝"四字横匾,就以此为话题与社师段正元交谈起来。何乐意问:中国儒释道三教以儒为主,为什么也供奉上帝?段正元解释说是因为中华自唐虞三代即有"上帝"的称号,并比较了中西方上帝的不同,等等。②

德国著名汉学家卫礼贤旅居中国三十多年,曾办礼贤书院及尊礼文社,曾翻译出版《老子》《庄子》和《列子》等道家著作,还著有《实用中国常识》《老子与道教》《中国的精神》《中国文化史》《东方——中国文化的形成和变迁》《中国哲学》等等,是中西文化交流史上"中学西播"的功臣。1923年,他在北京任德国驻华

---

①《人道贞义》,选自《师道全书》卷五十一,道德学会总会1944年版,第13页。
②详见韩星:《上帝归来——段正元的上帝观及其现代意义》,《宗教学研究》2016年第4期,第264页。

公使馆馆员时偶然看到道德学社段正元的讲义，极其佩服，后由杨震文介绍来北京道德学社拜访段正元，由殷仁三介绍拜师，段正元授以《〈大学〉心传》，卫礼贤如获至宝。后来回德国担任法兰克福大学教授，在德国阐扬中国文化，沟通中德学术，创设了中国文化研究社，当时中国政府还给予此文化研究社补助金。1998年7月北京国际文化出版公司出版卫礼贤的代表作《中国心灵》，书中谈到了道德学社，认为道德学社与当时雨后春笋般涌现出的宗教迷信团体不同："它以一种科学态度关注许许多多与生命原理相关的问题。为此，他们系统地观察了内在的生命及人类社会团体的构成。其创立者出生在四川省一个地位卑贱的家庭。他既不是学者也不是官员，但是他通过自己炉火纯青的内在经验能够深刻洞察人的心理状态……这些观点与那些各式各样的理想哲学最深奥之处是多么恰好吻合呀！圣保尔和圣约翰的通灵回响，佛教的最深层的原理，同样，道教和儒教的最深精髓，皆赞同和支持它们的观点。"[①]

1924年秋，美国教士李佳白见中国有发生战祸之迹象，想联合各文化团体通电呼吁和平，于是亲自到北京道德学社拜会段正元，段正元对他使用通电的方式"不禁慨然作色"，向他讲了一通《大学》《中庸》，还告知"欧美人流行科学实证、理性主义，本应具有实行精神"，以"不愿为附骥"的名义拒绝参与。[②]

北大教授·德国人鲁雅文于1927年6月来道德学社拜访段正元，成为外籍执弟子礼者。卫礼贤与鲁雅文乃同学，在回国前介绍鲁雅文来道德学社。鲁雅文原来懂一点儿静修功夫，在道德学社听了段正元讲道，自觉受益匪浅，所以请求拜门。段正元授以《〈大学〉心传》，并与之讲道与法、性与命之区别。[③]

段正元在交往中也有被别人利用而不自知，或鉴别力不足，或因虚荣而不顾其他的时候。典型例证就是出身特务机关坂西公馆的日本人小山贞知借拜师之名，向段正元请教修身之要与东亚和平，段正元欣然授之。小山贞知政治背景复杂，是伪满洲国时期在华活动的具有知识分子和政界人士双重身份的日本人[④]，他在为日本政府效力的同时，也为日本左翼文人的活动舞台《满洲评论》

---

① [德]卫礼贤：《中国心灵》，王宇洁等译，国际文化出版社公司1998年版，第238页。
② 《远人问道录》，北京大成书社1933年版，第8—10页。
③ 《远人问道录》，北京大成书社1933年版，第10—14页。
④ 祝力新：《〈满洲评论〉与小山贞知》，《外国问题研究》2011年第2期。

提供资金支持和政治保护。小山贞知于1930年加入奉天道德学社,1933年8月4日经雷保康介绍来北京拜见段正元,"拜门执弟子礼",鼓吹"巩固东亚和平之基础",段正元不分青红皂白道:"中日两国之关系,以旧话来讲,本来同洲同文同种,是应行亲善的。况就地理论,中国犹堂奥,日本犹门户,原是唇齿相依,痛痒相关。若彼此斗争,犹如同室操戈,外侮自来。若彼此亲善,犹如一家和睦,万事兴隆,则白人用不着排斥,自然归服。不仅东亚和平可致,并能为世界之先导,由此协和万邦,造成大同世界。但和平事业,要有知道阴谋压迫手段非计之贞知识,爱国爱民之贞良心。以'公平'二字作用,克除一切斗争之私心暴行,乃克有济也。"段正元先以休息期间不收门人为由婉拒,后在小山贞知再三托雷保康、陈尧初在其面前说好话,打圆场的情况下,于八月十六日许可小山贞知按照入社仪节,行拜门礼。①这个案例说明道德学社的影响对象复杂,段正元自身判断能力不强,有时为社会势力利用尚自觉得意。

第二节　道德学社的作用与问题

道德学社关注的道德与治安等问题是客观存在的,由此也引起了一些人的共鸣。它对社会发挥了一定的作用,但远小于段正元的初衷与期望。事实上它也给社会带来新的问题。

(一)道德学社的有益元素

道德学社理论中含有迷信、糟粕成分,但同时,作为一个较自觉关注道德问题的组织,他的灵魂性人物段正元也明确地指出了当时出现道德危机的社会现实,其中也不乏独到、有见地、一定程度上有益于社会的言论。他痛斥当时的政客不尊崇道德,舍本逐末,虚伪成风,弃一己之精英,拾他人之糟粕,结果此争彼夺,徒苦吾民。不但不行道德,即闻道德亦神昏气浊,国家焉得不乱?党争从何

---

①《远人问道录》,北京大成书社1933年版,第15—21页。

而息①？而一般人一提道德，又都摇头或表示轻蔑，以为是幻想、迂腐之论。这些批评当时社会的言论在很大程度上反映了当时的某些社会现实，显示出当时人们对道德有着强烈的现实需求。段正元对儒学的一些阐释和发挥及该组织对道德问题的重视和提倡，确实对其中一部分人的道德修养提升发挥过较为积极的作用，也对特定范围内的社会秩序稳定发挥了一定的作用。

道德学社实施道德的主张由于有明确的现实针对性，因而也有一定的理论合理性。段正元试图通过推行中国固有道德来应对当时的道德危机状况，并且结合时代背景对其部分内容给予了新的阐释和发挥，还设想出了推行道德的一些具体途径，并进行过一些值得称道的道德实践。

道德学社的影响在道德学社取缔多年后仍存在。有不少道德学社的信奉者吸取其中的有益成分，趋利避害，立身行事，在社会上产生了一定程度的积极影响。陕西周至县王正春参加道德学社后，对自己后半生及对当时十几口人的大家庭影响很大。他1950年任村农会主任，连续两年被评为劳动模范。他待人和蔼可亲，与世无争，乐善好施，村里无论老少都爱和他说说心里话，他就利用一切机会根据每个人的实际情况讲述传统道德观念，为人化解矛盾。他以兽医为业，看到村民给牲畜看病有困难，就在政府支持下联合他人成立了阳化兽医站，解众人难题。他的为人处事对子孙辈影响较大。②

山西人候右诚是受段正元影响较大的道德学社成员，也是山西孝义道德学社的创立者。侯右诚称：孝义道德学社成立的缘起，是由于1934年秋，经友人吴庭荣把北京道德学社原创办人段正元师尊所著的《大同贞谛》介绍给他，他阅后，觉得段正元的宗旨完全是大同主义，讲的是创造世界大同的道理，与其他劝人为善的会道门不同，从此就有了羡慕的信念……参加了道德学社，听了段师尊数次演讲，心中开始有了做人的方向……即联络地方各界人士，发起成立（孝义）道德学社，以此作为办理社会事业的基础。因当时部分知识分子感到政治腐败，封建剥削与统治的社会黑暗，亦有使人存心向善，提倡道德，挽救人心的愿望。所以一听道德学社是一个提倡道德的团体，都极表赞同……故在当年秋

---

① 段正元：《大德必得》，北京道德学社印刷所1924年版，第20页。
② 王敏信：《我的祖父与道德学社》，手写稿，未出版。

天,便成立了道德学社。[①]孝义道德学社每逢礼拜讲段正元的著作,其宗旨有四:阐扬孔子之道;实行人道贞义;提倡世界大同;希望天下太平。

孝义道德学社解散以后,其道德精神仍然存在并发挥着一定的作用。侯右诚在自传中讲到自己"恢复孝义古会,重修振兴市场","修护村埝,设闸防洪","保存民房,安定居民","推销焦炭,繁荣经济","规划新城街道,奠定建设基础","修建张家庄水库",最主要的还是办学校,培养人才。1981年,将近90岁高龄的侯右诚壮心不已,看到许多孩子由于贫困失学,便不顾家人的反对联络了十几位退休教师,开办以"爱祖国,爱人民,爱科学,爱劳动,爱社会主义"宗旨的"五爱学校",录取中考落榜生,精心栽培。学校多次被上级评为"文明学校"、"模范单位"和"先进集体"。侯右诚因此成为中国教育界的模范人物。《人民日报》1997年曾评论道:"生命不息,办学不止。他先后被评为……全国优秀教育工作者,全国关心下一代先进个人……山西省劳动模范。他的办学事迹,多次被中国国际广播电台用华语、德语、英语向全世界广播,并被山西电视台拍摄成了电视剧《百岁老人侯右诚》。"[②]

侯右诚在晚年的回忆性自传里对段正元仍是"师尊"不离口,此时他不可能不知道道德学社已作为会道门组织被取缔的历史事实。可见段正元的论说对他一生的影响至深且巨。对此,不必怀疑一位终身从教的老人的真诚,更没有必要去怀疑一位经历丰富的教育家的鉴别能力。这也证明,道德学社的理论具有一定的可取成分,在提升人的道德修养上也产生了客观的良好的效果。

(二)道德学社存在的问题

道德学社存在的问题也很明显,对优秀传统文化的传承产生了一些消极作用,甚至引发了一些社会问题。

1.在一定程度上将儒学引入歧途

段正元对以儒学为主体的传统文化确曾有过具有针对性的反思与批判。

[①] 白山:《论道德学社的性质和意义》,原载《国学论衡》第二辑,兰州大学出版社2002年版,第567。
[②]《人民日报》1997年6月27日、29日。

但是更多的是偏激、武断甚至荒诞的论述。

段正元多次批评程朱理学和当时的"理学家",认为汉以后的儒生违背了儒学的真义,或埋头考据,或崇尚空谈,将儒学引入了歧途。周公制礼作乐,发为文章,传诸后世,礼制与文章是一体的。孔孟以后"大道失传,后人惟奉文章以为全科玉律;汉儒经解,究文章之表面,过于覆实;宋儒理学,究文章之里面,过于拘虚,然去圣之世未远,犹享其绪余。"①段正元对理学的教条化、空疏化,流于章句之学,溺于科举利禄,后儒能说不能行的弊端的揭批有一定事实依据,但也有对宋明理学矫枉过正、全盘否定的极端表现。这种批评与当时信守程朱理学的学者形成了对立,使得站在正统学术立场上的人把段正元看成是"野狐禅"。曹聚仁的父亲是一位"理学气味很重的正人君子"②,"段师尊到杭州那年,先父也曾随着位诚(王位诚)去听过一回道,一回到旅馆,便说是野狐禅,不再去听了"。③"有一位程朱派理学家夏灵峰先生,他也曾到湖上和段氏谈过一次道,更是意见不相投了。"④两位理学家和段正元都有走极端的倾向:信奉程朱理学的遗老遗少束发古装,固守理学章句和训诂,在现代社会变革潮流中孤芳自赏,故步自封;段正元批判理学,脱离学术传统,过分重视个人身心体悟,过分神秘化,导致宗教迷信。

2.有反智、反逻辑、反精英倾向

段正元儿时在私塾读书时,老师教学时简单粗暴,主张死记硬背,段正元学得极为郁闷,久之便对读书产生厌倦心理,而家里人又抱着读书科举做官的想法,对他不好好读书大感失望,并轻视他,以至于段正元抑郁生病。后来在外祖母的说服下他没有再走传统读书人的路,而是走了修道术,明心性,办学社,教化天下的道路。段正元从小只读过几天私塾,对《论语》《大学》等基本典籍有所涉猎,后来拜龙元祖为师,得其真传,又明心见性。因此,他后来经常向社众宣扬百书不看,抛弃后天知识。他在《黄中通理》中说"造学问,可以百书不看,"在

---

① 《外王刍谈录》,选自《师道全书》卷二,道德学会总会1944年版,第41页。
② 曹聚仁:《我与我的世界》,人民文学出版社1983年版,第66页。
③ 曹聚仁:《我与我的世界》,人民文学出版社1983年版,第30页。
④ 曹聚仁:《我与我的世界》,人民文学出版社1983年版,第30页。

《太上元仁赞》中说"后天知识,自然克除净尽"。他将自己特殊的学习经历作为普遍的学习规律,容易对年轻人产生误导。段正元所说所做容易对社会,尤其是对年轻人造成误导。

3.带有明显的宗教性和欺骗性

道德学社是在20世纪中国以文化激进主义为主流的背景中有文化保守主义倾向的组织,但就所见史料而言它与当时有相近价值取向的国粹派、学衡派、东方文化派、现代新儒家没有什么联系,这在很大程度上与道德学社没有延续反而异化了经学传统相关。

段正元试图将孔孟之道当成万能工具协和万邦,将它神秘化、灵异化、宗教化,被曹聚仁称为"一神秘不可思议之宗教","在昔,俗儒浅陋,尚知自惭;今则标卜算业者、习堪舆业者、以及吟坛雅士,皆得以宣扬国学自命"。由于"国学无确定之界说、无确定之范围,笼统不着边际,人乃得盗窃而比附之",结果国学成为"百秽之所聚、众恶之所趋,而中国腐败思想之薮藏所"。[1]曹聚仁认为道德学社成员就是在民间打着国学招牌招摇撞骗的一伙人,这种看法显然在学界有代表性。

道德学社试图以"神道设教"的方式继承儒家传统,开展社会教化,具有明显的宗教性。其在具体组织机构、思想体系、社师崇拜、崇奉神祇、活动方式上有民间宗教的特征,代表了明清以来儒学民间化、宗教化的发展方向[2],杭州、上海、南京的道德学社客厅上都挂着段正元的照片,也显示道德学社的个人迷信色彩。"神道设教"是儒家推行教化的重要途径,这一名词出自《易经·观卦·彖传》:"观天之神道,而四时不忒,圣人以神道设教,而天下服矣。"主要通过祭祀礼仪实现人神沟通。举行敬天祭祖的礼仪的目的在于实现人道教化,控制民众。即使段正元等人内心真信"圣人以神道设教而天下服",也不能改变其行为的客观欺骗性。

---

[1]曹聚仁:《春雷初动中之国故学(上)》,选自《国故学讨论集》第1集,第92页。
[2]韩星:《明清时期儒学的民间化、宗教化转向及其现代启示》,《徐州工程学院学报》(社会科学版),2013年第5期。

附录

伦礼会及道德学社相关文献选录

伦礼会启[①]

礼无伦不立，伦无礼不行，一经一纬，一体一用，有经纬而后可以成锦，有体用而后可以成物。人进化以来，征诸历史，四千余年，礼之变态虽多，伦为不磨之典。环球各国，虽政朔不同，风教各殊，而伦礼究为普通要素，此其故何哉？大概伦者，人类自然之发生物。天地生人，不能有男而无女，亦不能生女而不长男。阴阳对待，男女媾精，由是而夫妇之伦以起。有夫妇而后有父子，有父子而后有昆弟，天然生化，天然结合，由是而家族以成。时无火食，遑论播种？逐水草而转移，寻天然之果实。甲家遇乙族，或协力以谋生活，或因地利而相聚集。彼此往来，朋友情生，渐演而成部落，由部落而成社会。此部落与彼部落相遇，此社会与彼社会相通。饮食居住，无限冲突，由是而团结御侮，或合力以竞争，政府于焉起点，君臣借此权舆。斯理也，考诸东西而不谬，质诸古今而无疑。故曰君臣也，父子也，昆弟也，夫妇也，朋友之交也，此五者，天下之达道也。然为人君者，必有人君之礼。为人臣者，必守臣之礼。权限攸分，尊卑有分，方足以见君臣，方足以行政令。君臣如此，他伦可推。大概礼者，事理自然之节文。人有脱帽于我，我亦脱帽于人；人有鞠躬于我，我亦鞠躬于人。起居隐显，随时必需。然必有是事，而后有是礼。如君臣之名定，而后君臣之礼生。父子之实出，

[①]《伦礼会启》，选自《师道全书》卷二，道德学会总会1944年版，第40—41页。

而后父子之礼起。故曰礼无伦不立。苟有是伦,而无是礼,则伦亦徒拥虚名,犹大车之无𫐐,小车之无𫐄,其何以行之哉!又如有刑法而无刑事诉讼法;有民法而无民事诉讼法;有总统之命令,而无行政之官厅;有立法之议会,而无司法之机关;将何以适用,将何以执行?故曰伦无礼不行。礼有千古不变之礼,有随时改革之礼。千古不变之礼者何?如君臣之义,父子之亲,昆弟之敬,夫妇之别,朋友之信是也。随时改革之礼者何?如专制之君主,有最高之权力,赫赫威威,神圣不可侵犯。立宪之君主,遵一定之宪法,守一定之权限。共和之君主,蹈一定方式,行一定之职权。时代变迁,性质不同,则礼节亦因之而各异,此随时改革之礼也。尝考运会,自周公以前,道在君相。周公以后,道在师儒。舜使契为司徒,教民以人伦,父子有亲,君臣有义,夫妇有别,长幼有序,朋友有信。亘古不刊之礼,于是乎定。周公知道之不行也,发为文章,制礼作乐,以传诸后世,随时改革之礼,即此大备。迄孟子以后,大道失传。后之人惟奉文章,以为金科玉律。汉儒经解,究文章之表面,过于核实。宋儒理学,究文章之里面,过于拘虚。然去圣之世未远,犹享其绪余。今者民国成立,脱专制而进共和。国体政体,根本变动,人皆怀总统思想,各树旗帜。由是而人心不定,而大局不定,士农工商,各停其业,各怀观望。吾恐文明之世不进,退而成剧乱之世也,豆剖瓜分,祸随以起,此其故何哉?果其人之程度有不逮欤?一般心理,皆趋重于法律,而不提倡礼教也。中国国体,历为礼教之邦。三代以上之隆,于今莫及。考其时,非无法律也,主道德而从法律,刑以弼教也。礼教防未然,法律治已然;礼教针心意,法律治行为。不防范于未然之先,而从斤斤于已然之后;不金针于萌芽之内,而徒修除于行为之表,非计之得者。况本为礼教之国,而惟示以权利义务之说,犹阿胶鹿茸之病体,而疗以附片干姜之药材,非不效也,其愈也缓。夫强邻环伺,勃勃耽耽,有不可缓者存。吾国人曷一思之,孟子不云乎:"人人亲其亲,长其长,而天下平。"礼教之实行,其功效有如此者。且礼之一字,狭言之,仪式也;广言之,宪法职权,包含于内;进言之,人群之有五伦,亦人群自然之节文,是伦亦礼也。今吾国人心,醉时风者,倡平等自由之说,及于父子昆弟之间,自由结婚之风潮,日盛一日。詈父母之命、媒妁之言为最野蛮,最不自由之批斥。果是耶?果非耶?抑礼制以时因革,上律天时,下袭水土,当如何折衷耶?是西学东入,有原动而无反动。吾国士子,亦应研究者。以上数端,皆为世道人心之害,伦礼上莫大之动摇,久无定论,影响靡涯,不知伊于胡底！吾恐今时学者,不求其本,而齐其末。不但学乎其上,不得乎其中,将遭人类澌灭之惨祸也。悲夫！同人等发启伦礼一会,招集天下忧时之士,集思讨论,本博学、审问、慎思、明辨之旨,然后笃行。各为一家之倡,然后求诸国人,庶乎可补法律之所不逮,保存吾国之特质,亦吾人之天职也。区区之意,识者谅之。

人伦道德研究会启[①]

盖闻无极动生太极,太极动生阴阳,阴阳动分天地。有天地即有人,有人即有治法。人伦道德者,治法之善者也。善法含三。三者何？儒、释、道是也。伦者,儒家之分定也。王天下有三重焉,曰行同伦。平天下有絜矩之道,曰上老老而民兴孝,上长长而民兴弟,上恤孤而民不倍。孟子曰:"人人亲其亲,长其长,而天下平。"大学之道,所谓在明明德。明明德,明明德于天下也。今人所谓大同之世也,明伦而已矣,以儒主人道故也。德者,释家之分定也。天地之大德曰生,生人生万物。人与物一本而来,故物我平等,大本慈悲。大学之道,所谓在亲民。儒则亲亲而仁民,释则亲民而仁物,故民胞物与之量,普渡众生以为怀。今人所谓无政府主义、社会主义者,是其发端也,以释主性道故也。道者,道家之分定也。道生天地人。大学之道,所谓在止于至善。不止于至善则不生,不止于至善则不了。止于至善者,天地人神之所以生,所以了,所以法,其理至微,其事不显,其时已往,其世未来。今之人不得与知与闻,而未有言者也,以道主天道故也。故道为儒释之分归,非儒不足以返道。儒者以伦为上达之梯、入德之门,是以万教虽多,要必以儒为正轨。儒固诸教之纲宗,又可统三教而一之者也。一者何？合道之谓也。且道动为德,德生天地而有人。有人自有三教,三教均所以治人。人必先伦而后道德,此天地之化,所以先大同而后进化,而后归化。道所以后释,释所以后儒。盖非儒不足以大同,非大同不足以进化故也。是故人伦道德者,分而三,合而一,一以贯之也。贯三教而一之,即贯天地人物古今中外而一之者也。一者何？中也。宇宙之有道,中而已矣。道动为德,道之中也;德生天地而生人,德之中也;人由伦以进于道德,人之中也。是故人伦

[①]《人伦道德研究会启》,选自《师道全书》卷二,道德学会总会1944年版,第42—43页。

道德者,一也。一者,中也。中者,天下之大本也。立天下之大本者,欲拨乱而反之正,进野蛮于文明,由升平而大同,舍此人伦道德,其何以致哉!诚以人伦道德者,又儒之实功也。人伦者,人为体而伦为用。人以知觉为性、运动为灵,君子博学、审问、慎思、明辨之功,始于此伦。以三纲为模范,五伦为标准,圣贤下学上达,成真作圣之基,始于此道德者。道为体而德为用,道则语大莫能载,语小莫能破,为天地之主宰,人神之大路。得于心者为德,德本授受一贯之资,允执厥中之所,故曰苟不至德,至道不凝。而人伦又为后天之用、外王之实,其事则修身齐家治国平天下,贤者希圣之实功。故孟子云:"圣人,人伦之至也。"道德乃先天之体、内圣之实,其事则穷理尽性,以至于命。由圣希天之实功,故至诚之道,可以前知,至诚如神,圣而不可知之之谓神。然则人伦者,不啻道德之发华。道德者,不啻人伦之根蒂。由人伦以至于道德,归根复命也;由道德以至于人伦,一本万殊也。是故人伦道德者,一而二,二而分,分而化,化而合,合而一,一而神,为上下古今之常理,中外远近之常经,无人可外,亦无人不可企及也。果能尽人伦道德,即升堂入室而至于大成,希贤、希圣而希天也,大同云乎哉!故孔子栖皇车马,孟子传食诸侯,有志而未逮者,无非欲发明人伦道德于天下,俾世界大同,以臻进化而已矣。今者舟车所至,人力所通,则天之所覆,地之所载,日月所照,霜露所坠,凡有血气者,将莫不尊亲圣道也。虽然,道非其时不行,见义不为无勇。因时协中,则必设立中和学堂而后可。欲设立中和学堂,必以大成为正宗。欲以大成为正宗,必先知人伦道德之本末先后而后可。欲知人伦道德之本末先后,非先由伦礼,不足以语道德。元年春,设立伦礼一会矣。伦礼而不言道德,下学而自画也,奚足以语伦礼哉!二年春,由伦礼以穷道德,合曰人伦道德,仍持善与人同之旨,故曰人伦道德研究会。有志者,幸留意焉。

人伦道德研究会求友文[①]

窃维致道惟学,讲学惟友。独学无友,则孤陋寡闻,是以游历中外,三十有年,设会成都,于兹两载。聚贤集益,诲我良多,而慕道向学之心,犹未慊也。用特重申素志,聊当鹦鸣。凡有教我,祈于星期日午前九钟,至午后一钟,惠临本

[①]《人伦道德研究会求友文》,选自《师道全书》卷二,道德学会总会1944年版,第43-45页。

会,是所至盼。所有求友各条,开列于下:

一求知大公无私,以天下为己任、中外为一家,不忍世衰道微,救正人心者。

一求知诸事求实,提倡公益,不沽名钓誉,志大言大,有志天下者。

一求知勤职业,修心术,己所不欲,勿施于人,笃信好学者。

一求知君子自强,日新又新,学而时习,徙义崇德辨惑者。

一求知以天立心,以礼自持,非礼勿视,非礼勿听,非礼勿言,非礼勿动者。

一求知见利思义,见危授命,为国忘家,杀身成仁,精神不死者。

一求知坚恒勤笃,立功于世,立德于人,鞠躬尽瘁,遁世不见知而不悔者。

一求知知道行道,悲天悯人,人不知而不愠,藏器待时,暗然日章者。

一求知谋事在人,成事在天,尽人合天,天随人愿者。

一求知优胜劣败,在人事之善与不善,道善则得之,不善则失之者。

一求知君子谋道不谋食,耕也馁在其中,学也禄在其中,忧道不忧贫者。

一求知有一分智识,即有一分福命,智仁勇三者,天下之大德也,大德必受命者。

一求知见小利则大事不成,人无远虑,必有近忧者。

一求知因循误事,见义不为无勇,必知行并用者。

一求知不轻举妄动,临事而惧,好谋而成者。

一求知善与人交,久而敬之,因不失其亲,亦可宗者。

一求知尊师重道,谨言慎行,知之为知之,不知为不知,毋自欺者。

一求知静坐孤修,有乱大伦,穷则独善其身,达则兼善天下者。

一求知父母养其身,朋友长其志,顾父母之养,毋友不如己,过则勿惮改者。

一求知孝为百行先,淫为万恶首,天地生,父母养,不虚生于世者。

一求知以事顺亲,以礼孝亲,几谏引亲于道,扬名天下者。

一求知贵至王侯,不免无常,良田万顷,难买光阴,名利转瞬成空者。

一求知身是臭皮囊,心有灵魂,虚灵不昧,性与天道,不生不灭者。

一求知仰不愧天,俯不怍人,热心公益,虽在缧绁之中,非其罪者。

一求知有得必有失,乐极生悲,苦尽甘来,知足不辱,功成则退者。

一求知邦有道、贫且贱焉耻也,邦无道、富且贵焉耻也,不义富贵如浮云者。

一求知不在其位,不谋其政,思不出其位,君子之道,素位而行者。

一求知中外交通,理应万教共和,同归一道,有教无类者。

一求知不为一教之奴隶,须为万教之代表,乃为真教主者。

一求知天下之义理无穷,一人之智识有限,满招损,谦受益者。

一求知眼空四海,无成见,无人见,无我见,由天性中之公道,品评是非者。

一求知不以成败定是非,观时势之如何,与人事之善否者。

一求知愚而好自用,贱而好自专,生今之世,反古之道,必灾及其身者。

一求知言语招尤,一言以为智,一言以为不智,智者不失言,亦不失人者。

一求知不患无位,患所以立,不患人之不己知,患其不知人,凡事量力而行者。

一求知政者正也。君子之政,譬如北辰,居其所而众星共之者。

一求知大英雄,霸诸侯,平天下,不以兵车者。

一求知道之以政,齐之以刑,小康世者;道之以德,齐之以礼,大同世者。

一求知善人为邦百年,胜残去杀,圣道治国,期月可矣,为政在人者。

一求知因材施教,法律施于小人,道德行于君子,用其中于民者。

一求知法律圣人不得已而用之,杀一无辜而得天下,皆不为者。

一求知听讼犹人,精求法律,必使无讼,齐之以礼者。

一求知君使臣以礼,臣事君以忠,则国兴;无君臣之义,则国亡者。

一求知民为邦本,国以保民,非实行圣道,名实不相符者。

一求知财聚则民散,财散则民聚,放于利而行多怨者。

一求知天下者,天下人之天下,匹夫亦有责任,有德者治之,有道者教之者。

一求知大学之道,中庸之德,万教不出其范围者。

一求知空谈道德,不如提倡实业,利国福民,衣食足,礼义兴者。

一求知儒门完全学问,志于道,据于德,依于仁,游于艺者。

一求知中外古今哲学家、政治家、宗教家、教育家、诸子百家者。

一求知势利不可迷,道德无常师,博学、审问、慎思、明辨,然后笃行者。

一求知凡事信之于理,不信之于痴,本诸身,征诸人,考诸三王而不谬者。

一求知天无二道,事无二理,圣贤无二德,上帝无二心者。

一求知鬼神之为德,洋洋乎如在其上,如在其左右,十目十手,慎其独者。

一求知祷告之真理,在日用伦常,实行道德,否则获罪于天,无所祷者。

一求知人有机谋,天有巧报,善恶之报,如影随形,天网恢恢,疏而不漏者。

一求知天理循环,敬人者人恒敬之,杀人者人恒杀之,皆自取之者。

一求知公心为人,即是为己,私心损人,即是损己,古之学者为己者。

一求知君子坦荡荡,小人长戚戚,君子乐得为君子,小人枉自为小人者。

一求知名缰利锁,能超其外,即英雄豪杰,圣贤仙佛者。

一求知善人之道,不践迹,亦不入于室,乃下学而不知上达者。

一求知圣神之道,登高自卑,由此希贤希圣希天,至诚如神者。

一求知天道赖人,人事顺天,英雄造时势,时势造英雄,两而化、一而神者。

一求知君子有三戒、三畏、三愆、三益、三省、三乐者。

一求知四时行,百物生,天何言哉,神妙不可思议,上帝主宰者。

一求知上帝是天地之性,圣神是天地之心,尽其心,知其性,天人一贯者。

一求知老子抱一守中,尧舜允执厥中,孔子乐在其中,中也者,天下之大本也。

一求知色即是空,空即是色,凡物由无而有,由有而无,真空不空,妙有不有者。

一求知道不远人,人能弘道,伦常日用之中,头头是道者。

一求知知天道方言人事,明旧学方言新学,温故而知新,可以为人师者。

一求知天道散万殊,万殊归一本,一本何,上帝而已矣。

一求知上帝视之不见,听之不闻,为天下万物之原,强名之曰道者。

以上七十二条,皆为内圣外王四科一贯之益友。凡有修齐治平之志者,亦请临本会,互相切磋可也。孔子云:"有朋自远方来,不亦乐乎?"本会之求友,亦此意也。

大成礼拜研究会启[①]

自元初始化,一气传三。三者,道、释、儒也。道以天道立说,故以感应警人;释以性道立说,故以慈悲济世;儒以人道立说,故以智仁勇作德。感应警人,可诫其意,使人生畏而不敢致乱,其治世也易;慈悲济世,深入人心,使人性善而不敢为恶,其治世也亦易;惟以智仁勇教人,其道广而不简,其理精而难穷,其义

[①]《大成礼拜研究会启》,选自《师道全书》卷二,道德学会总会1944年版,第45-48页。

深而不易能,其教多而不易守,其变神而不易知。是使天下之人有智易,使天下之人有仁难;使天下之人有勇易,使天下之人有仁难。有勇无仁,其勇犯;有智无仁,其智诈。犯诈壹行,治之反以乱之,其为治也,不亦难乎!故《老子》云,"圣人不死,大盗不止","剖斗折衡,而民不争",虽然大有说义存焉。夫自皇古以来,化世难,治世易,譬诸商鞅之法,管子之术,不过为大道之绪余耳,尚足以强秦霸齐,何况儒释道三教,俱为大道之宗祖者乎!子夏云:"虽小道,必有可观者焉,致远恐泥。"诚哉是言也!

盖以治世者,能治一世,而不能治万世;能治甲国,而不能治乙国。孟子云:"久矣!一治一乱。"是有治必有乱也。孟德斯鸠曰:"各国治制,各有精神,各出于国体民俗,未可强而同之。"由此观之,则知治世之范围小,仅束缚其行为,故云易也。化世者,化人类之心性、习惯、宗教、学说,而同风一道,一心一德,天下一家,世界大同,必以平天下为前提,故化一世,即足以化万世。是治世与化世,大有别焉。其功效之比较,不啻天渊也。故曰:明明德于天下为大同。大同必进化,进化必归化。然非儒氏之道,智仁勇三达德,合而全体大用,不足以大同。此所以称孔子为大同教主也。盖道氏之道,非不足以化世,必以释氏为先也。释氏之道,亦非不足以化世,必以儒氏为先也。儒氏当大道既隐之时,亦以忠信忠恕之道教人,校犯诈之习,反民德于朴厚。故曰:"君子之道者三:我无能焉,智者不惑,仁者不忧,勇者不惧。"智仁勇三者,天下之达德也,待其人而后行。天地之道,既有隐必有显,及其显也,智勇先发,而后化之以仁。圣人不能阻乱也,惟倡大道以预之。故孔子先倡礼仪三百,威仪三千之说,以御乱世于大同,阐发中和之道,泛应曲当,放诸东海而准,放诸西海而准,能齐于一世,能化于万世。夫人不能无意也,则教之以诚;不能无心也,则教之以正;不能无家也,则教之以齐;不能无国也,则教之以治;不能无天下也,则教之以平。有理也,则教之以穷;有性也,则教之以尽,有命也,则教之以至。其事虽多,而又能一以相贯。其道虽高,而又能下学上达,使天下之人,素位而行。素富贵,行富贵;素贫贱,行贫贱;素夷狄,行夷狄;素患难,行患难。各守其分,无相逾越,各行其是,无相侵夺,各安生理,无入而不自得焉。穷则变,变则通,通则久。与天地合其德,与日月合其明,与四时合其序,与鬼神合其吉凶,荡荡乎无能名焉。又分天下为三世:一曰据乱,二曰升平,三曰太平。据乱世以勇,升平世以智,太平世以仁。《礼运》一篇，以文武之时为小康，小康即升平。《中庸》一书，以舟车所至，人力所通，为大同，大同即太平。今者舟车已至矣，人力已通矣，大道之行，当斯时而无疑义。试观当今各国枪弹之发明，海陆军之扩张，人世之勇，至矣尽矣。技艺之巧，物质之文，人世之智，亦云可矣。舍以仁化天下智勇之不纯者，而折衷统正之，莫由也已。斯仁也，非一人之仁，一家之仁，一国之仁，必合天下人之仁以为仁，而后可与今天下之智勇相提并论也。其仁之见于行事也，以感应教人为为仁之方乎？此天道中教人之法，固太平世不可少，但非太平世之所尚也。以慈悲济世为为仁之方乎？此性道中教人之法，太平世亦不可少，亦非太平世之所尚也。以自修悔过为为仁之方乎？乃人道昌明之法，太平世之所行也。斯法也，何法也，非倡行大成礼拜不可也。考礼拜之法，滥觞于膜拜，明行于耶教，暗行于回回。或以祷告为宗旨，或以谄鬼为目的，谓之拜则可，谓之礼拜则不可。礼者，人道也，非礼勿视，非礼勿听，非礼勿言，非礼勿动。视听言动协以礼，方不愧为人，即所以为仁之方法也。拜者，人而自修也。执礼而后言拜者，敬鬼神而远之也。故本会所倡行之大成礼拜，以悔过自修为宗旨。欲推行此礼拜，使人人知悔过，个个能自修，故曰以太平天下为目的也。七日一行者，在天有七星，七日必来复，所谓钦若七政，顺天以敬人也。拜必三跪九叩者，虔诚仰止，至圣配天也。衣履冠裳一有制者，礼仪三百之权舆也。制必与时因革者，时时合中，权宜变通也。合制而后与拜者，此之谓礼拜也。拜有讴歌者，颂先圣为我师也。讴歌和之以乐者，有礼自有乐也。乐与时节变更者，君子坦荡荡，无时不乐也。乐而鼓之以舞者，乐于中，形于外也。陈列笾豆玉帛者，威仪三千之目也。品必与时变列者，牺牲之陈，粢盛之洁，各有时献也。必有礼生赞于前，监察立于后者，齐之以礼也。礼乐毕而上告者，悔过自新也。告毕而静坐者，静思补过也。内省不疚，而养正者，存其心，养其性，所以事天也。天人一气，恍惚自然，性与天道，乐在其中也。奉拜之列，万圣俱齐者，并行不悖，万渡归源，此之所谓大成礼拜也。

凡派演之有功有德，级存于两旁者，各配其圣也。至圣正中者，大同之世以儒为宗也。至圣之左有道祖，至圣之右有佛祖者，三教合源，而后万教归儒也。大道宏开也，三教道脉，所传之弟子，班列等行者，三教一源，不分而分，分而不分，一统于儒也。至圣之上有上帝者，同归上帝，天人合一，一以贯之也。上帝之旁有戥秤者,赏善罚恶,天道自然,执其两端,用其中于民也。戥秤之下,三教品列者,法天自强,三教为师,知所宗守也。人人识此真理,人人行此礼拜,大同极乐,领取生人之趣也。故曰大同者,大道之行也。大道本人人共由之路。礼本道之华,仁之归,不秉礼则道无由见,仁无由为。道与仁,重实行,不在仪文,然礼拜似属仪文,而临之以圣。齐明盛服,非礼不动,使人诚其意,正其心,修其身,由是而家齐国治天下平,则实行孰有大于是哉! 故斯礼拜也,躬行之久而身修,家行之久而家齐,国行之而一国治,天下行之而天下平。欲造大同之世界,非行此礼拜不可。欲造文明之世界,非行此礼拜不可。欲拨当今之乱世而反之正,非行此礼拜不可。其故维何?今天乃人道之天下也,此礼拜即以人道为主。夫人莫不有真性,非主真性不足以言人道。真性出于天,非顺天不足以成人。顺天成人,厥惟孔子,非宗孔子无以为师。是故合万教以归至圣,即俾天下由此大同。合天下以行此礼拜,即俾世界由此文明。合政府百官、学校、军队、家族、法团,于休息无事之日,行此礼拜,以启其天良,即可救正当时之人心。行之已久,自成习惯道德,不教民而民自善,不除恶而恶自化,世道焉有不正者乎! 虽然此礼拜也,不过为启天下之仁之方,齐天下以礼之渐。若夫折衷天下之智与勇,暨合智仁勇三达德,征诸实行,以臻世界于文明,成大同者。又中和学堂之责也,尚非礼拜之能事。世有谓礼拜为宗教行为,非不美也。苟能治国平天下,增进吾人幸福也,宗教行为乎何有;不能治国平天下,徒希吾人幸福也,非宗教行为乎何有。天下人其勿忽,大成礼拜者,万教合一之礼拜,非专指孔子而言。礼拜之圣,归宗孔子者,大同世惟然也。天下人实行此礼拜,即大道行于天下之起点。本会行此礼拜,又为礼拜之起点,非敢为天下倡,尚待万教磋商,各撷其长,乃为大成实义,此不过专就儒教一面刍其形耳。

会员礼拜,于每星期六晚,先时沐浴斋戒,更衣,着袍褂,表底衫,戴儒冠,穿方履,敬慎于仪容室内,默省七日中言行,有不慊于心者,礼拜时悔改之。俟各执事焚香,秉烛、燃灯、供果,陈列礼器,铺毡划席,礼生乐生,齐肃方位,由执礼摇铃,代领各礼拜人员,恭入大成礼拜堂,排班序立,静听礼生口号。

中和学堂启[①]

中也者,天下之大本也。和也者,天下之达道也。致中和,天地位焉,万物育焉。读书至此数语,觉儒学切近之实功,亦美大圣神之绝诣。即释道两家,至精无形,至大不可围,下及诸子百家,法以纲纪万事,技以刻雕众形,皆舍是道,而别无学术。原夫虚空由一中以生天地,天得一中以清,地得一中以宁。曰清曰宁,天地之太和也。有此太和元气,遂以化生万物。万物之内,人为最灵。自盘古以迄于今,人类虽万有不齐,要莫不受天地之中以生。克守厥中,自无不和。无如气禀有偏,智者过之,愚者不及也;贤者过之,不肖者不及也。各执一见,两不相能,乖戾生而世道所由坏。拨乱反治,匪学末由。天地之大德曰生,将使人人不虚一生。故河出龙马以负图,为混沌后文字之祖。有文字而学得以肇端,即得以挽回世道。然欲挽回世道,先在救正人心。而欲救正人心,尤在发明圣道。圣道不外天道,图书乃包符启为学之秘,玩其生数成数,出于中,复入于中。学道之根源,俨然示人不必求于外,伏羲氏因而作《易》。易有太极,已浑含中和之义。伏羲氏没,黄帝氏作,守其一以处其和。早闻至道,故顾名思义,黄中通理,尽露端倪。中国之文明,肇基于二帝,尔时已有学校,而未广其传。至唐虞设乐官以教胄子,设司徒以教万民,而十六字之薪传,始揭执中之学,于是用其中于民。正德、利用、厚生惟和,禹汤文武,皆是学也。周公膺君相师儒之责,远承尧舜,近兼三王,以中礼防阴德,以和乐防阳德,以合天地之化,以事鬼神,以谐万民,以致百物,故后世太平之典,惟周公称盛焉。我孔子志切周公,道不行而删订纂修,复与二三子讲学,明德、亲民、至善,大学之道,日切提撕,第中人以上无多。尧传舜曰,允执其中;舜传禹曰,允执厥中。此中未发之精奥,惟圣与圣相传。至建中于民,要皆此中之流露于外者。故孔子虽大公无隐,而得闻致中致和之微言。三千中其有几,亦惟即忠恕之道,为中人以下言之。忠恕者,中和之门也,由此升堂,由此入室,岂故为是迂曲哉!时有所待也,故曰苟不至德,至道不凝。苟非其人,道不虚行。孟子后,既失其传,索隐钩深者,遂莫不习黄老之术。迨佛教流入中国,又相与出入佛老,而鲜得其真(黄帝访道于广成子,已至彼至阴至阳之原,为我国文明发达之祖,四万万人皆其子孙。老聃

[①]《中和学堂启》,选自《师道全书》卷二,道德学会总会1944年版,第50-51页。

者,孔子称其博古知今,通礼乐之原,明道德之归。适周奉教,反鲁而道弥尊。至于佛氏,其时与地所遇不同,而道源则无不同。《天演》云:"一人作则,万类从风。"越三千岁而长存,通九重译而弥远,较而论之,尚为地球上最大教会也)。天于大道,固不轻传,亦无或绝,若隐若现,其尊贵,实无几人足以饱载之也。讲心学者,只顽空以了其中,而不能饮人以和。讲理学者,又矫枉过正,多向事物求中,无酝酿太和。其他训诂词章,旧学积习,富强功利,新学争趋,等而下之,更有借所学以济其奸,沦于禽兽而不返者。所以学堂虽日见林立,人才无由造就,世界无由光明,学士即无由希贤希圣希天。所幸者,虽古人已往,其陈迹尚留群籍之中,筌纵非鱼,蹄纵非兔,而筌蹄即可得鱼兔。本千百圣之嘉言懿行,存于心中,无事不协以和平,是孔子著书立说之苦衷,而后世学堂所由立。逮汉尊崇孔道,儒学振兴,二千年来,讲心得,讲躬行,笺注纷罗,此乃孔子文章出现之时,而性道未闻也。性不在心中,而在人性与天道相接之中,始仍不外圣经贤传。致知以明心,诚意以正心。心明且正,性得其中。由性之中,合天地之中。天与人一气相通,内而诚身,则身无不和;外而治世,则世无不和。变通进化,时势然也。故前古所萌芽者,今则大发其华;前古所未有者,今则独辟其奇。凡政治学、技艺学,愈久愈觉文明,况性与天道,为万物所由生,万事所由成,其关系于人,更有超出寻常万万者,有不日新又新,阐发前人所未阐发乎!虽然有难言者,夏至阴生而阳愈亢,冬至阳复而阴愈寒。天道世情,同此反对,故天生孔子以明伦,而竟遭秦火。特人心未死,其祸尚微,至今日轻躁少年,几不知孔子为何人,以蔑伦为幸福,咸欲推倒孔子以自由。言及性道之精微,更与情欲之火相焚,而道脉之真几绝矣。然阳不亢而阴无以生,阴不寒而阳无以复,事不杂而道无以明。宇宙间之感应,相反而适相因。自东西交通,战争之祸,大干天地之和。故释迦之教,几遍五洲。耶稣之教,渐被万国。慈悲普度,赖有圣神。今中国误认新奇之学为真理,由是蜩螗羹沸,日月无光,但晦极必显,否极必亨。此又孔子性道出现之时,庶物愈明,人伦愈察,文章始不徒托空言也。夫世界日创新奇,无一不根于学界,诸有益于日用伦常之务。遍大地皆立有学堂,何至性道独湮没不彰耶?有世小变而治道出,有世大变而性道开。今天下之变极矣,今天下之性道宜开矣。然非学堂无以深研究,非研究无以宏教育。取中和为目的,立学堂以公诸同好,由伦理以进于道德,由道德以进于大成。圣圣相传心法,百世外王道统赖以存,所过者化,所存者神,上下与天地同流,学孰有大于是哉!

中和学堂善办之法①

问:读《中和学堂简章》,范围天地而不过,曲成万物而不遗。读《中和学堂启》,博也,厚也,高也,明也,悠也,久也。读《中和学堂问答》,溥博渊泉,而时出之,与天地合其德,与日月合其明,与四时合其序,与鬼神合其吉凶,真所谓征诸庶民庶民从,建诸天地而不悖,质诸鬼神而无疑,百世以俟圣人而不惑。中和学堂者,当今之中流砥柱也,天地之太极也,高矣美矣,时矣要矣,敢问其善办之法何如?

答:行远必自迩,登高必自卑。孔子不云乎:"凡事豫则立,不豫则废。言前定则不跲,事前定则不困,行前定则不疚,道前定则不穷。"君子之道本诸身也,修身则道立,道立而致中。中者庸也,君子之中庸也,君子而时中。中和学堂者,今天下之时中也,所以俾天下之人可与共学,可与适道,可与立,可与权。欲立中和学堂,必先知大成之学,可以合中外,可以一古今,可以赞美天地之化育。欲知大成之学,必先知道德之华,在明明德于天下,然后可以亲民,可以止于至善。欲知道德之华,壹是皆以伦礼为下学,由天下之大经,达天下之大本,然后知圣道之果足以平治天下,中天下而立,定四海之民也。愚于元年春,设立伦礼一会矣。伦礼而不言道德,下学而自画也,奚足语伦礼哉!二年春,由伦礼以穷道德,合曰人伦道德研究会。人伦道德而不以大成为正宗,则三教不合源,万教不归儒,将何以内圣而外王也?三年春,拟设大成研究会矣。大成成,即学堂成。集古今中外之大成,而成中和学堂也。其在斯乎!其在斯乎!

问:吾子之言,是以大成研究会,为中和学堂之准备也。人伦道德研究会,为大成研究会之准备也,伦礼会又为人伦道德研究会之准备也。子思子曰:"唯天下至诚,为能经纶天下之大经,立天下之大本,知天地之化育。夫焉有所倚?肫肫其仁,渊渊其渊,浩浩其天,苟不固聪明圣智达天德者,其孰能知之?"闻子之言,其亦可以悟矣。敢问君子之道,小大由之,故时措之宜也。皇建其有极,彼一时也;小建其有极,此一时也。斯时之中和也,为之何如?

---

① 《中和学堂善办之法》,选自《师道全书》卷二,道德学会总会1944年版,第52-53页。

答：孟子不云乎，"执中无权，犹执一也。"君子之道，通天下之志而已矣，何小大之足云！

问：能通天下之志，则天下之人皆志于道矣。天下皆志于道，大道之行也，吾子其圣矣乎？

答：是何言与！是何言与！大道之行也，有圣人焉，吾述而已矣，何大道之足云！

问：会而曰伦，明人道也。伦而曰礼，重躬行也。伦礼曰会，善与人也。人伦曰道德，有本也。道德曰人伦，有用也。人伦道德曰研究，谦谦也。会曰大成，谦善之也。大成曰研究，乐取人也。先伦礼而后道德，下学上达也。伦礼道德而后曰大成，成己成人，一贯之也。大成而后曰学堂，建中于民也。学堂而曰中和，位天地而育万物也。学堂而又善办，上律天时，下袭水土，权宜变通也。君子之道，如日月经天，江河行地，春生百物，无私物也，天覆地载，公溥靡疆。

答：君子之为道也，公而已矣。公则正，正则通；公则中，中则和；公则平，平则安；公则明，明则乐；公则溥，溥则大。故曰大道之行也，天下为公。道若不公，天下焉能公也？

问：先生之言，非中和学堂无以逮也，诚哉当善办之也。

答：天下之有中和学堂，天下至善之所也。办若不善，天下之人奚止焉。君子曰：能止于至善，其乐无极也，大同云乎哉！

学道办道志愿十八则[1]

1. 言不自欺，行不自是，道不自私。

2. 尊师重道，性命双修，以立功立德为主，卫生养生为辅。

3. 学谦谦君子，温良恭俭让，逆来顺受，委曲求全，毋自暴自弃。

4. 言行动静，不矜奇，不好异，凡事下学上达，踏实认真。

5. 敬鬼神以德，不谄媚求福。信之于理，不信之于痴。

6. 实行真贞三纲、五伦、八德，有过立改，明善实行。

7. 抛弃我见，泯嫉妒心。生今之世，成今之人仁，普渡有缘。

---

[1]《学道办道志愿十八则》，选自《师道全书》卷六，道德学会总会1944年版，第54页。

8.戒除贪嗔痴爱,自然克己复礼,天下归仁。

9.以尧、舜、禹、汤、文、武、周公、孔、孟各圣者之学问问学,为人处世。

10.以释、老、耶、回各教圣贤之仁慈,栽培心上地,涵养性中天。

11.凡作一事,必先立终,而后始行。不求有功,只期无过。

12.凡立一法,必期一时可行,推之天下万世无流弊。

13.在尘出尘,和光混俗。入世出世,素位而行。

14.爱身,爱家,爱国,爱天下,爱人,爱物,爱众,亲仁。

15.实行人道本元,相亲相爱,相扶持,以天下为家乐。

16.用大圆智慧,物来毕照,成己成人而成道。

17.学君子居易俟命,尽人事合天道,天人合一。

18.仁能弘道,使天下太平,世界大同,个个安居乐业,人人享真贞道德自由平等之福幸。

师道规模十格①

1.实行大学之道,不愧修身齐家,明治国平天下之真是真非,言行始终一贯之人格者。

2.知道德,明道德,行道德,以道德为己任,以天下为自家,事事认真踏实,钱财善聚用者。

3.学通天地人,大悲大愿,大圣大慈,大公无我,素位而行,一言一笑,皆为天下万世法者。

4.凡事心口如一,知之为知之,不知为不知,不自欺欺人,喜怒哀乐致中和者。

5.不以贫苦移其志,富贵移其心,贫而乐,富而好礼,一切非法非礼不为者。

6.不好异矜奇,中庸为本,因材而教,性命双修,范围天下,曲成万物为愿者。

7.温故而知新,不为古人所愚、今人所惑,克己私见,执两用中,顺天应人者。

8.不恃己能,好古证今,尽心知性,尽人合天,挽回世道,救正人心为目的者。

9.以孝弟为人,而明孝弟为仁之本,用智仁勇三达德,行内圣外王之道者。

---

①《师道规模十格》,选自《师道全书》卷十二,道德学会总会1944年版,第20页。

10.知后天一切有为人事所成之功业,皆本先天无为无所不为之贞主宰所致,明善恶之报,如影随形,真知实行其道者。

师道规模七真①

1.历代祖宗清白,其心可对天,其事可对人之真。
2.行住坐卧,视听言动,不离纲常伦纪八德之真。
3.生平无嗜好,知足克勤克俭,言行成人之美,不助人为恶之真。
4.小心深谋远虑,知己知彼,由天礼中发明赏罚,不争权利之真。
5.卑污钻营,行险侥幸,忘恩负义,奸谋诡诈,杀盗邪淫未犯之真。
6.忠厚老成之中,刚柔伸屈,谦忍和让,有般若波罗密天智之真。
7.有大肚量,无嫉妒心,爱身爱家,爱国爱天下,爱人爱物之真。

---

①《师道规模七真》,选自《师道全书》卷十二,道德学会总会1944年版,第20页。

丛书跋

2012年完成自己主编的2012年度国家出版基金资助项目"20世纪中国教育家画传"后,就策划启动新的研究项目,于是决定为曾在中国教育现代化过程中发挥巨大作用而又少有人知的教育社团写史,并在2013年3月拿出第一个包含8本书的编撰方案。当初怎么也没想到这一工作一再积累后延,几乎占用了我8年的主要时间,列入写作的社团一个个增加,参加写作的专家团队、支持者和志愿者不断扩大,最终汇成30本书和由50多位专家组成的团队,并在西南大学出版社鼎力支持下如愿以偿地获得2019年度国家出版基金资助。

1895年中日甲午海战中国战败后,中国社会受到强烈震动,有识之士勇敢地站出来组建各种教育社团,发展现代教育。1895年到1949年,在中国传统教育向现代教育转化、嬗变的过程中,产生了数以百计的教育社团。中华教育改进社等众多的民间教育社团在中国教育现代化进程中都曾发挥过重要的、甚至是无可替代的作用,到处留下了这些社团组织的深深印记,它们有的至今还在发挥着潜移默化的作用,它们是中国教育智库的先声。

但随着时间的推移,知道这段历史的人越来越少。教育社团组织与中国教育早期现代化既是一个有丰富内涵的历史课题,更是一个极具现实意义的实践课题。挑选"中国现代教育社团史"这一极为重大的选题,联合国内这一领域有专深研究的专家进行研究,系统编撰教育社团史,既是为了更好地存史,也是为了有效地资政,为当今及此后教育专业社团的建立、发展和教育改进与发展提供借鉴,为教育智库发展提供独具价值的参考,为解决当下中国教育管理问题提供借鉴,从而间接促进当下教育质量的提升和《中国教育现代化2035》目标的实现。简言之,为中国现代教育社团修史是一项十分有意义的工作。

在存史方面,抢救并如实地为这些社团写史显得十分必要、紧迫。依据修史的惯例,经过70多年的沉淀,人们已能依据事实较为客观地看待一些观点,为这些教育社团修史,恰逢其时;依据信息随时间衰减的规律,当下还有极少数人对70多年前的那段历史有较充分的知晓,错过这个时期,则知道的人越来越少,能准确保留的信息也会越来越少,为这些社团治史时不我待。因此,本套丛书担当着关键时段、恰当时机、以专业方式进行存史的重要责任。

在资政方面,为中国现代教育社团修史是一项十分有现实意义的工作。中国教育改革除了依靠政府,更需要更多的专业教育社团发展起来,建立良性的教育评价和管理体系,并在社会中发挥更大的作用。社团是一个社会中多种活力的凝结和显示,一个保存了多样性社团的社会才是组织性良好的社会,才是活力充足的社会。当时的各个教育社团定位于各自不同的职能,如专业咨询、管理、评价等,在社会和教育变革中以协同、博弈等方式发挥出巨大的作用。它们的建立和发展,既受到中国现代新式教育发展的制约,又影响了中国现代新式教育发展的进程。研究它们无疑会加深我们对那个时期中国新式教育发展过程中各种得失的宏观认识,有助于从宏观层面认识整个新式教育的得失,进而促进教育质量和品质的提升。现今的教育社团发展不是在一张白纸上画画,1900年后在中国产生的各种教育社团是它们的先声。为中国现代教育社团修史将会为当下及未来各个社团的建立发展和教育智库建设提供真实可信而又准确细致的历史镜鉴。

做好这项研究需要有独特的史识和对教育发展与改革实践的深刻洞察,本丛书充分运用主编及团队三十余年来从事历史、实地调查与教育改革实践研究的专业积累。在启动本研究之前,丛书主编就从事与教育社团相关的研究,又曾做过一定范围的资料查找,征集国内各地教育史专业工作者意见,依据当时各社团的重要性和历史影响,以及历史资料的可获取性,采用既选好合适的主题,又选好有较长时期专业研究的作者的"双选"程序,以保障研究的总体质量,使这套丛书不仅分量厚重,质量优秀,还有自己的特色。

本丛书的"现代"主要指社团具有的现代性,这样的界定与中国教育现代化进程相吻合。以历史和教育双重视角,对中华教育改进社等具有现代性的30余个教育社团的历史资料进行系统的查找、梳理和分析。对各社团发展的整体形态做全面的描述,在细节基础上构建完整面貌,对其中有歧义的观点依据史实客观论述,尽可能显示当时全国教育社团发展的原貌和全貌,也尽可能为当下教育社团与教育智库的建立和发展提供有益的历史镜鉴。

为此,我们明确了这套丛书的以下撰写要求:

全套丛书明确史是公器,是资料性著述的定位,严格遵循史的写作规范,以史料为依据,遵守求真、客观、公正、无偏见的原则,处理编撰中的各类问题。

力求实现四种境界:信,所写的内容是真实可靠的,保证资料来源的多样性;简,表述的方式是简明的,抓住关键和本质特征经过由博返约的多次反复,宁可少一字,不要多一字;实,记述的内容是有实际意义和价值的,主要体现为内容和文风两个方面,要求多写事实,少发议论,少写口号,少做判断,少用不恰当的形容词,让事实本身表达观点;雅,尽可能体现出艺术品位和教育特性,表现为所体现的精神、风骨之雅,也表现为结构的独具匠心,表达手法的多样和谐、图文并茂。

对内容选取的基本标准和具体要求如下:

(1)对社团的理念做准确、完整的表述,社团理念在其存续期有变化的要准确写出变化的节点,要通过史料说明该社团的活动是如何在其理念引导下开展的。

(2)完整地写出社团的产生、存续、发展过程,完整地陈述社团的组织结构、活动规模、活动方式、社会影响,准确完整地体现社团成员在社团中的作用、教育思想、教育实践,尽可能做到"横不缺项,纵不断线"。

(3)以史料为依据,实事求是,还原历史,避免主观。客观评价所写社团对社会和教育的贡献,不有意拔高,也不压低同时期其他教育社团。关键性的评价及所有叙述要有多方面的史料支撑,用词尽可能准确无歧义。

(4)凸显各单册所写社团的独特性,注意铺垫该社团所在时代的社会与教育背景,避免出现违背历史事实的表述。

(5)根据隔代修史的原则,只记述中华人民共和国成立之前的历史。对后期延续,以大事记、附录的方式处理,不急于做结论式的历史判定。

(6)各书之间不越界,例如江苏教育会与全国教育会联合会之间,江苏教育会与中华教育改进社之间,详略避让,避免重复。

写法要求为:立意写史,但又不写成干巴、抽象、概念化的历史,而是在掌握大量资料的基础上,全面、深刻理解所写社团的历史细节和深度,写出人物的个性和业绩,写出事件的情节和奥秘,尽可能写出有血有肉、有精气神的历史,增强可读性。写法上具体要求如下:

(1)在全面了解所写社团基础上,按照史的体例,设计好篇目、取舍资料、安排内容、确定写法。在整体准确把握的基础上,直叙历史,不写成专题或论文,语言平和,逻辑清晰。

(2)把社团史写得有教育性。主要通过记叙社团发展过程中的人和事展示其具有的教育功能;通过社团具有的专业性对现实的教育实践发生正向影响,力求在不影响科学性、准确性的前提下尽量写得通俗。

(3)能够收集到的各社团的活动图片尽可能都收集起来,用好可用的图,以文带图,图文互补,疏密均匀。图片尽可能用原始的、清晰的,图片说明文字(图题)应尽量简短;如遇特殊情况,例如在正文中未能充分展开的重要事件,可在图题下加叙述性文字做进一步介绍,作为一个独立的知识点。

(4)关键的史实、引文必须加注出处。

据统计,清末至民国时期教育社团或具有教育属性的社团有一百多个,但很多社团因活动时间不长、影响不大,或因资料不足等,难以写成一本史书。本丛书对曾建立的教育社团进行比较全面的梳理,从中精心选择一批存续时间长、影响显著、组织相对健全、在某一专业领域或某一地区具有代表性、典型性的教育社团进行深入研究,在此基础上做出尽可能符合当时历史原貌和全貌的整体设计,整体上能够充分完整地呈现所在时代教育社团的整体性和多样性特征,依据在中国教育现代化进程中所发挥的作用大小选择确定总体和各部分的研究内容,依据史实客观论述,准确保留历史信息。本丛书的基本框架为一项总体研究和若干项社团历史个案研究。以总体研究统领各个案研究,为个案研究确定原则、方法、背景和思路;个案研究为总体研究提供史实和论证依据,各个案研究要有全面性、系统性、真实性、准确性、权威性、实用性,尽量写出历史的原貌和全貌,以及其背后盘根错节的关系。

入选丛书的选题几经增减,最终完稿的共30册:

《中国现代教育社团发展史论》《中华教育改进社史》《中华平民教育促进会史》《生活教育社史》《中华职业教育社史》《江苏教育会史》《全国教育会联合会史》《中国教育学会史》《无锡教育会史》《中国社会教育社史》《中国民生教育学会史》《中国教育电影协会史》《中国科学社史》《通俗教育研究会史》《国家教育协会史》《中华图书馆协会史》《少年中国学会史》《中华儿童教育社史》《新安旅行团史》《留美中国学生联合会史》《中华学艺社史》《道德学社史》《中华教育文化基金会史》《中华基督教教育会史》《华法教育会史》《中华自然科学社史》《寰球中国学生会史》《华美协进社史》《中国数学会史》《澳门中华教育会史》。

本丛书力求还原并留存中国各现代教育社团的历史原貌和全貌,对当时各教育社团的发展历程、重要事件、关键人物进行系统考察,厘清各社团真实的运作情况,从而解决各社团历史上一些有争议的问题,为教育学和历史学相关领域的发展提供一定的帮助,拓展出新的领域,从而传承、传播教育先驱的精神,为当今教育改革和发展提供历史借鉴和智慧资源,为今后教育智库的发展提供有中国实践基础的历史参考,在拓展教育发展的历史文化空间上发挥其他著述不可替代的作用。在写作过程中严格遵守史的写作规范,以史料为依据,遵守求真、客观、公正、无偏见的原则,处理编撰中的各类问题。

这是一项填补学术空白的研究。这个研究领域在过去70多年仅有零星个别社团的研究,在史学研究领域对社团的研究较多,但对教育社团的研究严重不足;长期以来,在教育史研究领域没有对教育社团系统的研究;对民国教育的研究多集中于一些教育人物、制度,对曾发挥不可替代作用的教育社团的研究长期处于不被重视状态。因此,中国没有教育社团史的系列图书出版,只有与新安旅行团、中华职业教育社相关的专著,其他教育社团则无专门图书出版,只是在个别教育人物的传记等文献中出现某个教育社团的部分史实,浮光掠影,难以窥其全貌。但是教育社团对当时教育的发展发挥了倡导、引领、组织、管理、评价等多重功能，确实影响深远，系统研究中国现代教育社团是此前学术界所未有过的。该研究可以为洞察民国教育提供新的视角，在今后一段时期内具有标志性意义，发挥其他著述不可替代的作用。

这是一项高难度的创新研究。它需要从70多年历史沉淀中钩沉，需要在教育学和史学领域跨越，在教育历史与现实中穿梭，难度系数很高、角度比较独特，20多年前就有人因其难度高攻而未克。研究过程中我们将比较厚实的历史积累和对当下教育问题比较深入的洞见相结合，以史为据，以长期未能引起足够重视的教育社团为研究对象，梳理出每个社团的产生、发展、作用、地位。

这是一项促进教育品质提升的研究。中国当下众多教育问题都与管理和评价体制相关。因此，我们决定研究中国现代教育社团史，对中国教育现代化进程中发挥过重要作用的诸多教育社团的历史进行抢救性记述、研究，对中国教育体系形成的脉络进行详尽的梳理，记录百年中国教育现代化进程中教育社团所起的重大作用，体现教育现代化过程中的"中国智慧"，为构建中国教育科学话语体系铺垫史料、理论基础，探明1898到1949年间教育社团在中国教育现代化发展中的作用，为改善中国教育提供组织性资源。

这是一项未能引起足够重视的公益性研究。本研究旨在还原并留存各教育社团的历史原貌和全貌，传承、传播教育先驱的精神，为当今教育改革和发展提供历史借鉴和智慧资源，拓展教育发展的历史文化空间，需要比较厚实的历史积累和对当下教育问题比较深入的洞见。本研究长期处于不被重视状态，但是其对教育的发展确实影响深远，需要研究的参与者具有对历史和现实的使命感。

这个研究项目在设计、论证和实施过程中得到业内专家的大力支持、高度关注和评价。中国教育学会教育史分会原会长田正平先生热心为丛书写了推荐信，又拨冗写了总序，认为："说到底，这是当代中国教育改革的需要和呼唤。教育是中华民族振兴的根基和依托，改革和发展中国教育，让中国教育努力赶上世界先进水平，既是中央政府和各级政府义不容辞的职责，也必须依靠广大教育工作者的自觉参与和担当。从这个意义上讲，中国近代教育会社团体与中国教育早期现代化研究,既是一个有丰富内涵的历史课题,更是一个极具现实意义的重大问题。"中国现代教育社团史的课题,"从近代以来数十上百个教育社团中精心选择一批有代表性、典型性、产生过重大影响的教育社团,列为专题,分头进行了深入的研究。我相信,读者诸君在阅读这些成果后所收获的不仅仅是对教育社团的深入理解和崇高敬意,也可能从中引发出一些关于当代中国教育改革的更深层次的思考"。

北京师范大学教育学部原部长、清华大学教育学院院长石中英教授在推荐中道:"对那些历史上有重要影响的教育社团进行研究,既具有非常重要的学术价值,也具有非常强烈的现实意义。""当前,我国改革开放正在逐步地深入和扩大,激发社会组织活力,在整个社会治理体系建设中具有重要作用。现代教育治理体系的建设,也迫切需要发挥专业的教育社团的积极作用。在这个大背景下,依据可靠的历史资料,回溯和评价历史上著名教育社团的产生、发展、组织方式和活动方式等,具有现实意义和社会价值。""总的来说,这个项目设计视角独特,基础良好,具有较高的学术价值、实践价值和出版价值。"

1990年代,中央教育科学研究所张兰馨等多位前辈学者就意识到这一选题的重要性,曾试图做这一研究并组织编撰工作,终因撰写团队难以组建、资料难以查找搜集等各种条件限制而未完成。当我们拜访80多岁的张兰馨先生时,他很高兴地拿出了当年复印收藏的一些资料,还答应将当年他请周谷城先生题写的书名给我们使用,既显示这一研究实现了学者们近30年未竟的愿望,也使这套书更具历史文化内涵。

西南大学出版社是全国百佳图书出版单位、国家一级出版社、全国先进出版单位,承担了多项国家重大文化出版工程项目、国家出版基金资助项目、重庆市出版专项资金资助项目,具有丰富的国家、省市重点项目出版与管理经验。该社出版的多项国家级项目受到各级主管部门、学界、业内的一致好评。另外,西南大学的学术优势为本书的出版提供了学术支撑。

本项目30余位作者奉献太多。他们分别来自中国人民大学、北京师范大学、华东师范大学、中山大学、首都师范大学、浙江师范大学等多所高校和研究机构，他们长期从事相关领域的研究，具有极强的学术责任感，具备了较好的专业基础，研究成果丰硕，有丰富的写作经验。在没有启动经费的情况下，他们以社会效益为主，把这项研究既当成一项工作任务，又当成一项对精湛技术、高雅艺术和完美人生的追求，以高度的历史使命感和现实的使命感投入研究，确保研究过程和成果具有较高的严谨性。他们旨在记录中国教育现代化过程中教育社团所起的重大作用，体现教育现代化过程中的"中国智慧"，写出理论观点正确、资料翔实准确、体例完备、文风朴实、语言流畅，具有资料性、科学性、思想性，经得起历史检验的，有灵魂、有生命、能传神的现代教育社团史。

这套丛书邀约的审读委员主要为该领域的专家，他们大多在主题确定环节就参与讨论，提供资料线索，审读环节严格把关，有效提高了丛书的品质。

本人为负起丛书主编职责，采用选题与作者"双选"机制确定了撰写社团和作者，实行严格的丛书主编定稿制，每本书都经过作者拟提纲—主编提修改意见—确定提纲—作者提交初稿—主编审阅，提出修改意见—作者修改—定稿的过程，有些书稿从初稿到定稿经过了七到八次的修改，这些措施有效地保障了这套丛书的编撰质量。尽管做了这些努力，仍难免有错，敬希各位不吝赐正。

十分感谢国家出版基金资助。本丛书有重大的出版价值，投入也巨大，但市场相对狭窄。前期在项目论证、项目启动、资料收集、组织编写书稿中投入了大量的人力、物力。多位教育专家和史学专家经过八年的努力，收集了大量的资料，研究的深度和广度都大大超出此前这一领域的研究。各位作者收集了大量的历史资料，走访了全国各大图书馆、资料室，完成了约一千万字、数百幅图片的巨著。前期的资料收集、研讨成本甚高，而使用该书的主要为教育研究者、教育社团和教育行政人员。即便丛书主编与作者是国内教育学、教育史学领域的权威专家，即便丛书经过精心整理、撰写而成，出版后全国各地图书馆、研究院所会有一定的购买，有一定的经济效益，但因发行总数量有限，很难通过少量的销售收入实现对大量经费投入的弥补，国家出版基金资助是保障该套丛书顺利出版的关键。

教育在实现中华民族伟大复兴中发挥着不可替代的作用。完整、准确、精细地回顾过去方能高瞻远瞩而又脚踏实地地展望未来,将优秀传统充分挖掘展现、利用方能有效创造未来,开创教育发展新时代。在中国教育现代化进程中众多现代教育社团是促进者。中国人坚定的自信是建立在5000多年文明传承基础上的文化自信。中国现代教育社团的发起者心怀中华,在中华民族处于危亡之际奔走呼号,立足弘扬中华优秀文化传统提倡革新。本丛书深层次反映了当时中国仁人志士组织起来,试图以教育救国的真实面貌,其中涉及几乎全部的教育界知名人物,对当年历史的还原有利于挖掘中华优秀传统文化的强大生命力和在民族危亡关头的强大凝聚力,弘扬中华优秀传统文化,为构建中华优秀传统文化传承发展体系添砖加瓦。研究这段历史,对于推动中华优秀传统文化创造性转化、创新性发展,对于促进教育智库建设,发展中国教育事业,发挥教育在促进中华民族伟大复兴中的作用具有重要意义。

愿我们所有人为此的努力在中国教育现代化进程中生根、发芽、开花、结果。